Referent: Prof. Dr. Zorn
Korreferent: Prof. Dr. Krzymowski
Examen rigorosum: 9. Juni 1931

Gedruckt mit Genehmigung einer Hohen Philosophischen Fakultät der Schlesischen Friedrich-Wilhelms-Universität Breslau.

ISBN 978-3-662-27107-0   ISBN 978-3-662-28589-3 (eBook)
DOI 10.1007/978-3-662-28589-3

Erschienen im „Archiv für Tierernährung und Tierzucht", Band 8, Heft 1
(Wissenschaftliches Archiv für Landwirtschaft, Abt. B)

Inhalt.

Einleitung (S. 31).
I. Zweck und Ziel der Arbeit (S. 32).
II. Bisherige Untersuchungen (S. 32).
III. Die Grundlagen und die Art der Ausführung der Untersuchungen (S. 35).
   1. Die Abstammung und Geburtszeit der Kälber (S. 35).
   2. Die Haltung und Pflege der Kälber (S. 35).
   3. Die Fütterung der Tiere und die Untersuchung der Futtermittel (S. 37).
   4. Die Wägungen und Messungen (S. 40).
IV. Die Entwicklung und Futterverwertung der Tiere (S. 43).
   1. Die gewichtsmäßige Entwicklung (S. 43).
   2. Die Futteraufnahme und Futterverwertung (S. 49).
      a) Kolostralmilchperiode (1. Lebenswoche) (S. 50).
      b) Vollmilchperiode (2. bis 5. Lebenswoche) (S. 51).
      c) Vollmilch-Kraftfutterperiode (6. bis 10. Lebenswoche) (S. 56).
      d) Magermilch-Kraftfutterperiode (11. bis 15. Lebenswoche) (S. 59).
      e) Gesamtuntersuchungszeit (2. bis 15. Lebenswoche) (S. 63).
   3. Vergleiche der eigenen Ergebnisse mit denen anderer Untersuchungen und Schlußfolgerungen für die Fütterung der Kälber (S. 65).
   4. Die Verdoppelungszeit (S. 69).
   5. Die Entwicklung der Körpermaße (S. 72).
   6. Die Futterverwertung im Zusammenhang mit der Entwicklung der Gewichte und Maße (S. 76).
Zusammenfassung (S. 79).
Literaturverzeichnis (S. 80).

Einleitung.

Bei der Betrachtung oder Erforschung von Entwicklung und Wachstum ist eine große Anzahl mitwirkender Faktoren zu berücksichtigen, die zum Teil unmeßbar und unabänderlich sind: die inneren und die äußeren Wachstumsfaktoren. Einer der äußeren Wachstumsfaktoren ist die Ernährung der Tiere, die bei den Haustieren in der Hand des Menschen liegt. Die Nahrung liefert die Aufbaustoffe und die Energie, die für das

Wachstum unbedingt erforderlich sind. Die zugeführten Nährstoffe werden auf chemisch-physiologischem Wege im Tierkörper umgeformt in Körpersubstanz, lebendige und auch tote, sowie in Energie, die zum Leben des Tieres ganz allgemein erforderlich ist. Der Aufbau und die Entwicklung der Körpermasse ist die Leistung des jungen Organismus.

Als Maßstab für die Höhe der Verwertung des Futters durch das Tier kann man die Vermehrung des Körpergewichts heranziehen, die Lebendgewichtszunahme. Die Futterverwertung kann in gleicher Weise wie die Entwicklung von vielen inneren und äußeren Faktoren beeinflußt werden. Die inneren Faktoren sind bei einem jeden Tier individueller Natur, sie beruhen auf der erblichen Anlage und der dadurch bedingten Reaktionsfähigkeit während des Lebens. Da diese individuelle Eigenart nicht bei allen Tieren die gleiche ist, so ist auch die Futterverwertung als ein davon abhängiges Merkmal nicht gleich. Von diesem Gesichtspunkt aus kann man von einer individuellen Futterverwertung sprechen.

I. Zweck und Ziel der Arbeit.

In der vorliegenden Arbeit soll in der Hauptsache versucht werden, die Futteraufnahme und -verwertung bei einzelnen Individuen und zwar Kälbern von der Geburt bis zum Alter von 15 Wochen zu ermitteln und festzustellen, ob und inwieweit hier Unterschiede bestehen, und worauf diese gegebenenfalls zurückzuführen sind. Ferner soll die Entwicklung der Tiere an Hand der Körpermaße und Gewichte betrachtet werden. Und endlich sollen Anhaltspunkte für die Fütterung von weiblichen Zuchtkälbern in den ersten Lebenswochen gefunden werden.

II. Bisherige Untersuchungen.

Über die Entwicklung des Rinderkörpers von der Geburt an sind bereits mehrere Untersuchungen und Arbeiten durchgeführt. Sie befassen sich insbesondere mit der Entwicklung des Gewichts und der Körpermaße unter Zugrundelegung gleicher Aufzuchts- und Fütterungsverhältnisse, wobei auch teilweise Untersuchungen über Fütterung und Futterausnutzung mit angestellt worden sind. Die meisten Arbeiten dieser Art beziehen sich jedoch entweder nur auf wenig Einzeltiere oder sie geben nur Durchschnittswerte an.

Einen guten Überblick über einige Arbeiten gibt das Sammelreferat von *Walther*[28] (1926), das im ganzen 12 Arbeiten über das Wachstum der Haustiere bespricht. Ein Teil dieser Arbeiten und zwar diejenigen, die ausschließlich die Entwicklung des Rindes behandeln, aber auch noch andere in dem Referat noch nicht enthaltene Untersuchungen werden in der vorliegenden Arbeit zum Vergleich herangezogen.

Messungen und Wägungen bei jungen Tieren in größerem Ausmaß stellte als erster *Wagner*[27] (1910) beim Lahnvieh an. Er begann seine Erhebungen 2 bis 3 Wochen nach der Geburt an 20 Tieren, die er im 1. Lebensjahr $^{1}/_{4}$jährlich, im 2. $^{1}/_{2}$jährlich untersuchte. Diese Feststellung setzte er dann an anderen Gruppen bis zum Abschluß der Jugendentwicklung (5. Lebensjahr) $^{1}/_{2}$jährlich fort.

und Körperentwicklung bei Kälbern von der Geburt bis zur 15. Lebenswoche. 33

Ähnlich in der Anstellung sind die Untersuchungen *Hansens*[13] (1925) am ostpreußischen schwarzweißen Tieflandrind. Hier wurden 12 Tiere durchgehend bis zum Ende des 1. Lebensjahres gemessen und anschließend daran die Erhebungen bis zum 5. Lebensjahre an anderen Tieren fortgesetzt. Die ersten Messungen wurden ebenso wie bei *Wagner* erst bei 14 Tage alten Kälbern vorgenommen, da, wie *Hansen* angibt, Messungen vor diesem Termin nicht möglich waren wegen noch krummer Vorderbeine und Schwächlichkeit der Kälber. In zwei schlesischen Herden von schwarzbuntem Niederungsvieh in Wessig und Lohe (Kr. Breslau) beobachtete *Feuersänger*[8] (1923) an 14 männlichen und 16 weiblichen Tieren das Wachstum des Kalbes von der Geburt bis zu $1/_2$ Jahr an Hand der Gewichte und Körpermaße, und zwar in 14tägiger Folge. Gleiche Erhebungen an insgesamt 15 männlichen und 32 weiblichen Tieren stellte *Brzitwa*[3] (1925) auf 2 anderen schlesischen Rittergütern, Malkwitz, Kr. Breslau und Lorzendorf, Kr. Neumarkt an. Die Arbeit von *Dalchau*[4] (1926) behandelt die Entwicklung der im Haustiergarten des Tierzuchtinstitutes der Universität Halle aufgezogenen Rinder. Hier wurden leider nicht durchgehend die gleichen Tiere gemessen, ferner ist die Anzahl der Tiere in den einzelnen Altersgruppen verschieden und dann sind auch die Zeitabschnitte, in denen die Erhebungen angestellt wurden, mit 4 Wochen in der ersten Lebenszeit zu weit gewählt.

Mehr vom Standpunkt der Futterausnutzung in der Jugendzeit untersuchte *Kolb*[18] (1920) 1 Kalb der Simmentaler Rasse, wobei es sich leider noch um ein Tier handelt, das sich anscheinend ganz anormal entwickelte, was nicht zuletzt auf die Art der Fütterung zurückzuführen ist. Hierauf wird später noch bei dem Vergleich der Futterverwertung der eigenen Untersuchungen mit den Ergebnissen anderer Arbeiten noch näher eingegangen. Ähnlich diesem Versuch ist die Arbeit von *Günzler*[12] über die Wachstumsbeobachtungen an 5 Murnau-Werdenfelser Rindern. Die Entwicklung der Gewichte und Maße werden von der Geburt an behandelt und der Nährstoffverbrauch und die Verwertung bei jedem Tier in mehreren Perioden festgestellt und berechnet. Aus neuester Zeit liegen zwei Arbeiten vor von *Vopelius*[26] (1929) und *Schmidt* und *Vogel*[25] (1930). Ersterer stellte seine Untersuchungen in 2 Fleckviehherden Württembergs an insgesamt 46 Tieren von der Geburt bis zum Alter von 1 Jahr an. Körpermaße und Gewicht wurden während dieses Zeitabschnittes in Abständen von anfangs 2, späterhin 4 Wochen ermittelt und rechnerisch verarbeitet. Es wurde dabei u. a. versucht, genetische Verschiedenheiten festzustellen. Je 2 männliche und 2 weibliche Tiere, Halbgeschwister, wurden zur Beobachtung des Futterverbrauches und zur Berechnung der Futterkosten im 1. Jahr herangezogen. In der zweiten oben genannten Arbeit wurden 24 weibliche und 1 männliches Tier des schwarzbunten Niederungsrindes auf dem Versuchsgut Friedland bei Göttingen im 1. Lebensjahr beobachtet. Die Erhebungen erstrecken sich auf die Entwicklung von Gewicht und 8 Körpermaßen. Die Futteraufnahme und -verwertung wurden in 3 Perioden, und zwar in der 1. bis 5., 6. bis 13. und 14. bis 26. Lebenswoche an Hand der durchschnittlich pro Tag verzehrten Menge und der zur Erzeugung von 100 kg Lebendgewicht verbrauchten Nährstoffe festgestellt.

Der Vollständigkeit halber und zur Erweiterung der Vergleichsmöglichkeit seien noch Untersuchungen angeführt, die bei Ziegen und Schafen angestellt wurden. *Kronacher* und *Kliesch*[20] machten an 6 Ziegenlämmern Entwicklungs- und Ernährungsstudien. Entsprechend der Fütterung stellen sie in 6 Perioden bei den Einzeltieren den Futterverzehr fest und errechnen die Ausnutzung und den Ansatz des zum Verzehr gelangten Futters auf verschiedene Weise. Am genauesten untersucht *Jantzon*[15] (1929) den Nährstoffbedarf und den Nährstoffansatz beim wachsenden Schaf von der Geburt an in mehreren Perioden. Um

34 C. H. Lohmann: Individuelle Futterverwertung

den Ansatz so genau wie möglich zu erfassen, wurden nach Ablauf von einzelnen bestimmten Perioden Lämmer getötet und chemisch analysiert. Nach den bei den Tieranalysen gefundenen Werten richten sich auch *Kronacher* und *Kliesch*[20] bei Berechnung des Trockensubstanzansatzes der Ziegenlämmer, die ja etwa den gleichen zeitlichen Verlauf in der Körperentwicklung zeigen wie Schafe.

III. Die Grundlagen und die Art der Ausführung der Untersuchungen.

1. Die Abstammung und Geburtszeit der Kälber.

Für die vorliegenden Untersuchungen wurden 24 Kuhkälber aus der schwarzbunten Niederungsherde der Preußischen Versuchs- und Forschungsanstalt für Tierzucht in Tschechnitz herangezogen, die zur Zucht oder zu späterem Verkauf als Zuchttiere gleichmäßig aufgezogen wurden. Bullenkälber konnten für die Untersuchungen nicht benutzt werden, da sie meist zu Mastversuchen benötigt bzw. verwendet wurden und die wenigen als Zuchttiere bestimmten männlichen Kälber infolge anderer Ernährungsbedingungen mit den weiblichen Tieren nicht verglichen werden konnten.

Die Abstammung der Versuchskälber ist im einzelnen aus der Tab. 1 zu ersehen. Deren Vatertiere sind der auf ostpreußischer Grundlage

Tabelle 1. *Abstammung und Geburtszeit der Versuchstiere.*

Kalb Nr.	Geboren am	Vater	Mutter und Herkunft		Gewicht kg	Alter am Kalbetage Jahr
321	17. VI. 1929	Inder....	Türkin 49000	Westfalen	625	7
324	28. VI. 1929	Inder....	Alida 67983	Tschechnitz. Z.	600	3
327	26. VII. 1929	Tom (amer.)	Ampel 67986	Desgl.	600	3
333	12. VIII.1929	Inder....	Bene 73723	,,	600	$2^1/_2$
334	14. VIII. 1929	Pascha...	Ultra	Schlesien	600	7
335	16. VIII. 1929	Inder....	Alster	Tschechnitz. Z.	450	3
340	19. IX. 1929	Pascha...	Blume 73729	Desgl.	525	$2^1/_2$
341	14. X. 1929	Inder....	Carmen	,,	425	2
344	29. X. 1929	Inder....	Blanka 73725	,,	500	$2^1/_2$
345	8. XI. 1929	Inder....	Alma 73728	,,	625	3
347	25. XI. 1929	Inder....	Urs.V.K. 13671	Schlesien	650	7
350	25. XI. 1929	Pascha...	Ahne 73727	Tschechnitz. Z.	625	$3^1/_2$
355	17. I. 1930	Inder....	Anni	Desgl.	500	3
357	15. II. 1930	Inder....	Asta 73733	,,	550	3
358	26. II. 1930	Inder ...	Vorhut 63576	Ostpreußen	650	6
363	12. III. 1930	Pascha...	Arche 73730	Tschechnitz. Z.	575	3
364	14. III. 1930	Pascha...	Ziska 66149	Ostpreußen	625	5
365	18. III. 1930	Pascha...	Balbutze 63582	Oldenburg	675	5
366	18. III. 1930	Inder....	Beate 73726	Tschechnitz. Z.	500	3
368	22. III. 1930	Pascha...	Ulex 63583	Schlesien	625	7
373	28. III. 1930	Inder....	Zwetsche	,,	450	5
379	8. IV. 1930	Inder....	Baby 73734	Tschechnitz. Z.	525	3
380	12. IV. 1930	Boy (amer.)	Colantha	Amerika	500	5
383	22. IV. 1930	Pascha	Türkin 49000	Westfalen	650	8

in Westfalen gezogene Bulle Pascha 9826, ferner der ostpreußische Bulle Inder 11373 und zwei amerikanische Holstein-Frisian Bullen Tom und Boy. Die Muttertiere sind zumeist in Tschechnitz gezüchtet bzw. stammen sie aus der Provinz Schlesien. Nur fünf der Muttertiere sind nicht in Schlesien geboren, jedoch bereits jung importiert worden. Eins der Muttertiere (Colantha) ist ebenfalls eine amerikanische Holstein-Frisian-Kuh.

Erwähnt sei noch besonders, daß von den 22 Kälbern eins (Nr. 380) amerikanischer Abkunft ist und ein zweites (Nr. 327) von einem der beiden amerikanischen Bullen (Tom) und einer Tschechnitzer schwarzbunten Kuh stammt.

Die Geburtszeiten der Kälber erstrecken sich, wie aus der vorstehenden Tabelle zu ersehen ist, etwa über ein Jahr. Hierdurch verändern sich die Umweltverhältnisse bei den einzelnen Tieren durch die Einflüsse der verschiedenen Jahreszeiten. Es ist eine Erfahrungstatsache, daß vom November bis Januar geborene Tiere in den ersten Wochen nach der Geburt sich im allgemeinen leichter aufziehen lassen, was u. a. auf den Weidegang der Mütter und den dadurch gegebenen natürlichen und besseren Bedingungen während der intrauterinen Wachstumszeit beruhen soll. Andererseits ist die Aufzucht im Frühjahr schwieriger, wie es auch im Tschechnitzer Kälberstall beobachtet werden konnte. Die Frühjahrstiere waren gegen Einflüsse der Ernährung und Witterung viel empfindlicher und zeigten leicht Durchfallserscheinungen, teils auch Erkrankungen infektiöser Art*. Kranke Tiere schieden bei den Untersuchungen natürlich aus; nur gelegentlich auftretende, leichtere Krankheitserscheinungen (insbesondere Verdauungsstörungen) sind jeweils vermerkt. Worauf die Aufzuchtsschwierigkeiten im Frühjahr zurückzuführen sind, ist nicht ohne weiteres zu sagen. Jedenfalls spielen dabei eine große Rolle die krankheitserregenden Mikroorganismen, deren Lebensbedingungen im Frühjahr bedeutend günstiger liegen als in der kalten Jahreszeit, wo die niedrigen Temperaturen deren Wirkungsfähigkeit einschränken. Außerdem dürften dafür die während des Frühjahrs, vor allem im April—Mai, häufig auftretenden plötzlichen und schroffen Witterungs- und Temperaturumschläge, vor denen die Tiere meistens nicht schnell genug bewahrt werden können und im vorliegenden Falle tatsächlich nicht bewahrt werden konnten, verantwortlich zu machen sein.

2. Die Haltung und Pflege der Kälber.

Die Geburt der Kälber vollzog sich entweder in einem besonderen Abkalbestall oder bei Weidegang der Muttertiere auf der Koppel. Die

---

* Nach tierärztlichem Befund und bakteriologischer Untersuchung am bakteriologischen Institut der Landwirtschaftskammer Niederschlesien in Breslau waren Diplokokken die Erreger der Krankheit.

Neugeborenen wurden mit den erforderlichen Maßnahmen behandelt und sofort in dem besonders für Kälber bis zum Alter von 15 Wochen bestimmten Stall auf gutem, sauberem Strohlager untergebracht. Während der Weidezeit kam es gelegentlich vor, daß die Kälber einen halben Tag auf der Weide oder im Melkschuppen verblieben, was sich aber für das Befinden der Tiere und ihre Entwicklung als völlig belanglos erwies. In den ersten Lebenstagen erhielt — das muß noch erwähnt werden — jedes Tier eine Schutzimpfung gegen Pneumonie.

Um die Haltung und Pflege der Kälber näher darzulegen, seien kurz die Einrichtungen des Stalles beschrieben.

Der Kälberstall ist in der Längsrichtung von Osten nach Westen gebaut. Er besteht aus 4 Abteilungen, mit verschiedenen Ventilationssystemen, die jedoch für die Ergebnisse der vorliegenden Untersuchungen ohne Belang sind. Luft- wie Temperaturverhältnisse weisen in den einzelnen Abteilungen, in denen die Kälber aufgezogen wurden, unter gleichen Bedingungen kaum Unterschiede auf, wie entsprechende Untersuchungen von *Meissner*[21], die kurz vor den eigenen Untersuchungen in den betreffenden Ställen angestellt wurden, zeigen. Die Wände des Stalles sind doppelte Holzwandungen mit Torfmullfüllung. Den Bodenbelag in den Buchten bilden Hohlziegel. Die Fenster liegen nach Süden und geben dem Stall sehr viel Licht und Sonne. In gleicher Himmelsrichtung liegen die Ausläufe, die durch doppelte Türen verschließbar sind. Anschließend an den Stall befindet sich die Futterküche mit Einrichtungen zum Säubern der Tränkeimer und Aufbewahren und Abwägen der Futtermittel usw. Hier ist auch ein Dampferzeuger aufgestellt, der die Heizung von 2 Abteilungen des Stalles ermöglicht, um im Winter im Bedarfsfalle die Stalltemperatur hoch genug zu halten. Im Stall steht jedem Tier eine Boxe im Ausmaß von $1{,}40 \times 1{,}80$ m zur Verfügung. Die Zwischenwände sind aus Latten oder Brettern so hergestellt, daß die Luft stets überall ungehindert ventilieren kann. Nach der Südseite zu hat jede Boxe ihren verschließbaren Ausgang in den Auslauf, der ebenfalls für jedes Kalb getrennt ist. Auf diese Weise hat das Einzeltier große Bewegungsfreiheit, es ist auch beim Fressen immer für sich und kann stets nur das ihm bestimmte Futter aufnehmen. Als allgemeiner Vorteil der Einzelhaltung ist noch anzuführen, daß die Kälber sich nicht gegenseitig belecken und belutschen können.

Nicht besonders zu erwähnen ist, daß auf die Sauberkeit der Ställe durch häufiges Ausmisten, Desinfizieren und die Darbietung eines guten Lagers auf gesundem Stroh, sowie auf Sauberhaltung der Tränk- und Futtereimer stets geachtet wird und während der Zeit der Untersuchungen ganz besonders geachtet wurde. Ein Putzen der Tiere fand nicht statt, da es sich bei guter, sauberer Einstreu und reichlicher Bewegungsfreiheit in der Boxe und im Auslauf als unnötig erwies. In der Zeit von Mai bis Mitte Oktober waren die Ausläufe Tag und Nacht offen. Die übrige Zeit wurden sie über Nacht geschlossen. Bei Tage waren sie stets offen, nur nicht an strengen Wintertagen oder bei sehr naßkalter Witterung, da die Temperatur im Stall dann zu niedrig wurde, besonders für die jüngeren Tiere. Ohne jeden Auslauf waren nur wenige Tage. Die Stalltemperatur war unter diesen Umständen ganz von der Außentemperatur abhängig und ihren Schwankungen unterworfen. Im Winter wurde, soweit erforderlich, durch Heizung in 2 Abteilungen des Stalles die Stalltemperatur erhöht, um sie für die Tiere erträglich zu gestalten. Von einer gleichmäßigen Temperatur in allen Abschnitten, die für die einzelnen Tiere in Frage kamen, kann selbstverständlich bei derartiger Haltung keine Rede sein. Die Tiere, soweit sie nicht an gleichen oder kurz aufeinanderfolgenden Tagen geboren sind, wuchsen somit sämtlich unter verschiedenen Witterungs- und Temperaturverhältnissen auf. Daß die verschiedenen Stalltemperaturen den Nährstoffverbrauch oder die Nährstoffverwertung bei den einzelnen Tieren beeinträchtigen können insofern, als die Tiere bei niedriger Temperatur mehr Energie zur Erhaltung der Körperwärme verbrauchen, ist bekannt. So stellt z. B. *Rubner* fest (nach *Kellner*[15]), daß ein Hund bei verschiedener Umgebungstemperatur folgende Wärmemengen in Calorien pro 1 kg Lebendgewicht abgab:

Bei 0° ... 7,6   15   20   25   30   35
Calorien ... 81,4   63,0   55,9   54,2   56,2   68,5

Bei 25° etwa liegt danach das Optimum, d. h. bei dieser Temperatur wird die wenigste Wärme abgegeben. Über 25° wird infolge Einsetzens der physikalischen Wärmeregulation der Calorienverbrauch wieder erhöht. Nach *Rubner* üben bereits Temperaturunterschiede von nur 1° einen deutlichen Einfluß auf die Wärmeabgabe des Körpers aus. Die Stalltemperatur war daher bei der Betrachtung des Wachstums der Tiere und der Futterausnutzung wohl zu beachten*. Genaue Zahlen konnten in den eigenen Untersuchungen — das sei hier vorweggenommen — freilich nicht festgestellt werden.

Wieweit Luftdruck und Luftfeuchtigkeit die Entwicklung und die Futterverwertung beeinflussende Momente darstellen, ist noch kaum exakt untersucht worden. Sie wurden hier unberücksichtigt gelassen.

Der Umgang mit den Tieren und deren Behandlung beim Messen, Wägen, Tränken usw. geschah mit Ruhe und Sorgfalt, so daß sie sich an den Menschen gewöhnten und zutraulich wurden. Allerdings zeigten nicht alle Tiere in gleichem Maß diese Eigenschaft, wobei lebhaftes oder ruhiges Temperament jedoch nicht immer ausschlaggebend waren, wenngleich die ruhigen Tiere im allgemeinen leichter zu behandeln waren.

3. Die Fütterung der Tiere und die Untersuchung der Futtermittel.

Die Fütterung der Versuchskälber richtete sich nach Angaben und praktischen Erfahrungen, wie sie auch *Freyschmidt*[10] und *Peters*[22] veröffentlichten. Maßgebend waren aber insbesondere die in der Preußischen Versuchs- und Forschungsanstalt für Tierzucht in Tschechnitz erprobten und als gut erkannten Arten und Mengen an Futtermitteln für die Aufzucht weiblicher Tiere. Die Fütterung war im allgemeinen wie folgt: In der 1. Woche wurde jedem Tiere körperwarme Milch des betreffenden Muttertieres verabreicht, und zwar betrug die Milchmenge am 1. Tage 1—1$^1/_2$ l und steigerte sich dann täglich um $^1/_2$—1 l. Anfangsgabe wie Steigerung richteten sich jeweils nach dem Gewicht, der Aufnahmelust und dem ganzen Befinden des Tieres. Das Tränken erfolgte sogleich aus dem Eimer, wobei die Tiere, wie nebenbei erwähnt sei, sich aber nicht immer gleichmäßig anstellten. Die meisten nahmen bald sehr willig und gut die dargebotene Nahrung auf, andere wieder zeigten sich mehr oder weniger ungelehrig und widerwillig, so daß es vielfach schwierig war, ihnen mit Ruhe und Geduld die zugemessene Milchmenge beizubringen. Zum Teil war es auch Schwäche der Tiere

---
* Die Beibringung der Temperaturkurven mußte aus technischen Gründen unterbleiben.

nach der Geburt, die das Tränken anfangs erschwerte. Erst nach 1—5 Tagen hatten sämtliche Tiere das Saufen aus dem Eimer, der in einer besonderen Vorrichtung an der Tür der Boxe aufgehängt wurde, gelernt. Ein Verlust an der den einzelnen Kälbern zugemessenen Milchmenge war daher in den ersten Lebenstagen nicht immer zu vermeiden, und somit die tatsächlich aufgenommenen Mengen nicht immer quantitativ genau zu erfassen*. Aus diesem Grunde wurde übrigens auch die anfänglich durchgeführte Analysierung der Kolostralmilch später aufgegeben.

Getränkt wurde bis zur 8. Woche 3mal, nachher nur noch 2mal täglich. Wünschenswert wäre zwar in den ersten 5 Lebenstagen ein öfteres, etwa 5—6maliges Tränken mit frischer Milch — wie noch auszuführen sein wird. — Während der Weidezeit läßt sich dies aber im praktischen Betriebe nur mit Schwierigkeiten durchführen. Bei den im Stall geborenen Kälbern wurde 3maliges Tränken nur beibehalten, um diese Tiere gegenüber den auf der Weide geborenen nicht zu bevorzugen.

Die durchschnittliche täglich verabreichte Milchmenge betrug am Ende der 1. Woche, der Kolostralmilchperiode, etwa 4,5 l pro Kopf. Die Steigerung in der 1. Woche ist sehr langsam und entspricht nicht der im allgemeinen geforderten Menge von etwa $1/_6$—$1/_7$ des Lebendgewichts. Nach den langjährigen Tschechnitzer Erfahrungen, die auch während der vorliegenden Untersuchungen bestätigt werden konnten, verursacht jedoch bereits eine nur wenig zu hohe Milchgabe leicht Durchfall, was wiederum eine Herabsetzung der Futterverwertung und eine, wenn auch nur geringe, Entwicklungsstörung im Gefolge hat. Die Steigerung der täglichen Milchgaben wurde daher mit großer Vorsicht vorgenommen.

Mit Ablauf der 1. Woche wurde statt Milch der zugehörigen Mutter Mischmilch der Herde ganz frisch sofort nach den Melkzeiten, morgens, mittags und abends, verfüttert. Die Steigerung der Milchmenge vollzog sich weiter mit Rücksicht auf das Einzeltier bis zur Höchstgrenze von 10 l Vollmilch pro Tag. Am Ende der 3. Woche bereits wurde den Kälbern gesundes, möglichst gutes Heu vorgelegt. Jedem Tier wurden jeweils 200—300 g zugewogen und in einer Raufe, die in jeder Boxe angebracht war, verabreicht. Jeweils nach einer Woche wurde der nicht verzehrte Rest zurückgewogen und so der tatsächliche Heuverzehr ermittelt. In gleicher Weise, nur späterhin in größeren Mengen und mit häufigerem Zuwägen, wurde während der ganzen Beobachtungszeit der wöchentliche Verzehr an Heu festgestellt**. Zur gleichen Zeit —

---

* Es handelte sich meist nur um kleine Mengen.

** Heuverluste durch Verstreuen von Heu seitens der Kälber ließen sich nicht ganz vermeiden. Wie die Beobachtungen ergaben, waren diese Verluste jedoch nicht erheblich und im übrigen bei allen Tieren ziemlich gleich groß.

also nach drei Wochen — wurde mit der Beifütterung von Kraftfutter begonnen, das sich wie folgt zusammensetzte:

100 g Haferschrot
100 g Leinkuchen
 50 g Gerstenschrot
 25 g Weizenkleie
 25 g Sojaschrot
_____
300 g Kraftfutter
+ 6 g Kreide + 3 g Kochsalz

Die einzelnen Bestandteile dieser Mischung oder später ein Vielfaches derselben wurden stets jedem Tier einzeln in seinen Futtereimer eingewogen und darin durchgemischt. Hierdurch wurde mit Sicherheit erreicht, daß jedes Futtermittel in der Kraftfuttermischung stets in der gewünschten Menge und im gewünschten Verhältnis zur Verfügung stand. Die verzehrten Kraftfuttermengen wurden täglich festgestellt.

Wie schon erwähnt, wurde die Vollmilchgabe bis zur Höchstgrenze von 10 l pro Tier und Tag gesteigert. Diese Menge wurde bis zum Alter von 10 Wochen und 2 Tagen gereicht. Dann trat an die Stelle der Vollmilch allmählich Magermilch, die aus der Molkerei der Versuchs- und Forschungsanstalt stets ganz frisch zur Verfügung stand. Der Übergang vollzog sich in der Weise, daß täglich 1 l Vollmilch entzogen und 1 l Magermilch dafür gegeben wurde. Die höchste Magermilchmenge war dann wieder 10 l. Der Übergang von der Vollmilch- zur Magermilchfütterung vollzog sich innerhalb 10 Tagen. Bis zum Alter von 15 Wochen, dem Endpunkt der vorliegenden Untersuchungen, blieb die Magermilchmenge zuzüglich beliebiger Aufnahme an Kraftfutter und Heu als Futter bestehen.

Sämtliche Futtermittel wurden nach den üblichen Verfahren im Laboratorium der Preuß. Versuchs- und Forschungsanstalt chemisch analysiert. Die Vollmilch wurde täglich untersucht, von jeder Untersuchung wurden 2 Parallelbestimmungen gemacht. Es wurde bestimmt: Das spezifische Gewicht mit dem Lactodensimeter, Fettgehalt nach *Gerber* und N- bzw. Eiweißgehalt (N 6,37) nach *Kjeldahl*. Aus Fettgehalt und spezifischem Gewicht wurde die Trockenmasse nach der *Fleischmann*schen Formel berechnet, $t = 1{,}2\, f + 2{,}665 \left(\dfrac{100\,s - 100}{s}\right)$.

Der Aschengehalt, der sehr geringe Schwankungen (um 0,8%) aufweist, wurde 6 Wochen lang täglich, später nur noch bei einem Futterwechsel der Kühe bestimmt. Der Gehalt an Milchzucker wurde jeweils errechnet. Die Magermilch wurde in gleicher Weise wie die Vollmilch untersucht, und zwar immer 3 tägige Durchschnittsproben, die jeweils in aliquoten Mengen der Mischmilch entnommen wurden. Zu den Milchuntersuchungen ist zu bemerken, daß für vorliegende Zwecke die tägliche Untersuchung vor allem für Eiweiß nicht erforderlich zu sein scheint, sondern daß Durchschnittswerte von in größeren Zeitabschnitten untersuchter Milch, vielleicht sogar der durchschnittliche Eiweißgehalt der Milch der ganzen Herde genügen, wie folgende Zahlen zeigen:

Durchschnittlicher Eiweißgehalt (verdaul.) pro Woche in Prozenten.

Je 9 aufeinanderfolgende Wochen zu Beginn der Beobachtungszeit.

Woche	1	2	3	4	5	6	7	8	9
Eiweißgehalt	3,25	3,27	3,29	3,26	3,15	3,19	3,24	3,20	3,26

Zum Schluß der Beobachtungszeit.

Woche	1	2	3	4	5	6	7	8	9
Eiweißgehalt	3,26	3,35	3,26	3,21	3,19	3,20	3,20	3,23	3,15

Wichtiger ist die tägliche Bestimmung des Fettgehaltes, da hier größere Schwankungen auftreten, die bei der Stärkewertberechnung auch mehr ins Gewicht fallen. Von einer Angabe der Milchanalysen, deren Werte im Durchschnitt mit denen von einer Reihe anderer Autoren (*Henkel*[14], *Fleischmann*[9], *Kirchner*[17], *Barthel*[1], *Kellner*[16]) für Niederungsvieh gefundenen durchaus übereinstimmen, kann hier abgesehen werden.

Kraftfutter und Heu wurden nach den üblichen Verfahren untersucht. Es wurde bestimmt:

Wasser bzw. Trockensubstanz
Rohasche
Rohprotein (N nach *Kjeldahl* $\times$ 6,25)
Rohfett (nach *Soxhlet*)
Rohfaser (nach *Henneberg* und *Stohmann*)
Reinprotein (nach *Stutzer-Barnstein*)
Verd. Eiweiß (nach *Stutzer-Wedemeyer*).

Im übrigen wurden die Verdauungskoeffizienten von *Kellner*[16] zur Stärkewertberechnung herangezogen. Beim Berechnen des Stärkewertes der Milch ist darauf zu achten, daß der verd. Milchzucker nur mit 76% zu werten ist und nicht wie Stärke mit 100%.

Das zum Verzehr gebrachte Kraftfutter und Heu war in der 14 Monate langen Beobachtungszeit nicht durchgehend von vollkommen gleicher Beschaffenheit, da es nicht aus derselben Ernte und von derselben Fläche oder bei zugekauftem Futter nicht aus derselben Lieferung stammte. Von jedem Futtermittel, das im Laufe der Zeit zur Verfütterung gelangte, wurde eine Analyse gemacht, deren Ergebnis bei den einzelnen Futterberechnungen entsprechend berücksichtigt wurde. Nachstehende Zahlen (Tab. 2) geben den Nährstoffgehalt der den Kälbern gereichten Futtermischungen an. Wie daraus zu ersehen ist, sind die Unterschiede im Nährstoffgehalt zwischen den einzelnen Mischungen nur sehr gering.

4. Die Wägungen und Messungen.

Einmal um die Verwertung des Futters zu erfassen, zum anderen um die Entwicklung der Tiere zahlenmäßig festzulegen, wurden Wägungen und Messungen herangezogen.

Zu den Wägungen der Kälber stand eine im Stall fest eingebaute gute Dezimalwage zur Verfügung. Die Kälber gewöhnten sich nach kurzer Zeit an das Wiegen, so daß es ohne Schwierigkeiten durchzuführen war. Die Wägungen wurden erstmalig bald nach der Geburt vorgenommen und dann *täglich* immer zur gleichen

und Körperentwicklung bei Kälbern von der Geburt bis zur 15. Lebenswoche.

Tabelle 2. *Nährstoffgehalt der an die einzelnen Tiere verabreichten Mischungen.*

	Trockenmasse kg	Stärkewerte kg	Verd. Eiweiß kg
Kalb 321, 324.			
100 g Haferschrot	0,091	0,06006	0,00822
100 g Leinkuchen	0,0913	0,0686	0,02197
50 g Gerstenschrot	0,0432	0,03564	0,0035
25 g Sojaschrot	0,0222	0,01787	0,00974
25 g Weizenkleie	0,0224	0,0119	0,0027
300 g Mischfutter	0,2701	0,194	0,046
Kalb 327, 333, 334, 335, 340, 341, 344, 345, 347, 350.			
100 g Haferschrot	0,0879	0,05945	0,00952
100 g Leinkuchen	0,0889	0,06434	0,02282
50 g Gerstenschrot	0,0432	0,03564	0,0035
25 g Sojaschrot	0,0224	0,0172	0,0107
25 g Weizenkleie	0,022	0,0121	0,00264
300 g Mischfutter	0,264	0,189	0,049
Kalb 355, 357, 358, 363, 364, 365, 366, 368, 377, 379, 380, 383.			
100 g Haferschrot	0,0849	0,05913	0,00854
100 g Leinkuchen	0,0889	0,06434	0,02282
50 g Gerstenschrot	0,0427	0,03407	0,00325
25 g Sojaschrot	0,0218	0,0166	0,00965
25 g Weizenkleie	0,0215	0,01146	0,00196
300 g Mischfutter	0,260	0,186	0,046

Zeit, und zwar morgens vor dem Tränken. Die täglichen Wägungen geben natürlich einen weit genaueren Wert des durchschnittlichen Lebendgewichtes eines Tieres in einem Zeitabschnitt an als Wägungen in größeren Zeitabständen, sie lassen auch sofort Entwicklungsstörungen bzw. Krankheiten u. a. erkennen.

Zur Ausführung der Messungen dienten Lydtinscher Meßstock, Tasterzirkel und Meßband. Die ersten Messungen wurden 2 Tage nach dem Geburtstag vorgenommen. Da sie sich bald nach der Geburt aus erklärlichen Gründen nicht vornehmen ließen, wurde für alle Tiere der 2. Tag nach der Geburt gewählt. In der Folge wurden die Kälber dann in 14 tägigen Abständen, vom Geburtsdatum an gerechnet, gemessen. Die Maße wurden auf ebener Fläche bei gleicher Stellung der Tiere genommen. Bei den ersten 3 Messungen hielt eine zweite Person die Tiere fest; späterhin, als die Kälber sich an das Messen gewöhnt hatten, wurden sie an einem Strick lang angebunden, so daß sie in freier unbehinderter Stellung gemessen werden konnten. Zur Kontrolle wurde jedes Maß 2 mal und bei Differenzen noch öfter abgenommen. Es wurden im ganzen 10 verschiedene Körpermaße angewendet:

1. Widerristhöhe: Senkrechter Abstand des höchsten Punktes des Widerristes vom ebenen Standplatz (Meßstock).

2. Rückenhöhe: Senkrechter Abstand des Mittelpunktes der Lende vom ebenen Standplatz (Meßstock).

3. Kreuzhöhe: Senkrechter Abstand der Verbindungslinie der beiden Hüfthöcker vom ebenen Standplatz (Meßstock).

4. **Brustbreite**: Größter Abstand der Rippenwölbung hinter den Schulterblättern (Meßstock).
5. **Hüftbreite**: Waagerechter Abstand der beiden Hüfthöcker (Tasterzirkel).
6. **Umdreherbreite**: Waagerechter Abstand der beiden großen Umdreher (Tasterzirkel).
7. **Rumpflänge**: Der Abstand in der Diagonalen von der Bugspitze zum Gesäßhöcker (Meßstock).
8. **Brusttiefe**: Senkrechter Abstand des unteren Brustrandes vom Rücken hinter den Schulterblättern (Meßstock).
9. **Brustumfang**: Gemessen hinter den Schulterblättern, Gurtenlage (Meßband).
10. **Röhrbeinstärke**: Geringster Umfang der Röhre am linken Vorderbein (Meßband).

Tabelle 3. *Wöchentliche Wägungen und gewichtsmäßige Entwicklung*

a = Gewicht in Kilogramm;

Woche	Geb.	1		2		3		4		5		6		7		8	
Kalb Nr.	a	a	b	a	b	a	b	a	b	a	b	a	b	a	b	a	b
321	35,0	34,5	−0,5	39,5	5,0	46,0	6,5	53,0	7,0	60,0	7,0	65,0	5,0	71,5	6,5	78,5	7,0
324	47,0	49,0	2,0	55,0	6,0	59,5	4,5	66,0	6,5	73,0	7,0	79,0	6,0	85,0	6,0	93,0	8,0
327	38,0	37,0	−1,0	41,0	4,0	47,5	6,5	53,0	5,5	58,5	5,5	65,0	6,5	71,0	6,0	76,5	5,5
333	39,0	40,5	1,5	48,0	7,5	55,0	7,0	63,0	8,0	69,0	6,0	76,0	7,0	82,0	6,0	88,0	6,0
334	38,0	40,5	2,5	47,0	6,5	54,0	7,0	61,0	7,0	67,0	6,0	74,0	7,0	80,0	6,0	85,5	5,5
335	37,0	41,0	4,0	48,0	7,0	55,0	7,0	62,0	7,0	68,0	6,0	77,0	9,0	82,0	5,0	89,0	7,0
340	29,0	32,0	3,0	38,5	6,5	42,0	3,5	48,0	6,0	54,0	6,0	60,0	6,0	67,0	7,0	73,0	6,0
344	35,0	36,0	1,0	42,0	6,0	48,0	6,0	55,5	7,3	63,0	7,5	70,0	7,0	75,0	5,0	81,0	6,0
345	37,0	37,5	0,4	40,0	2,5	46,0	6,0	53,0	7,0	61,0	8,0	67,0	6,0	72,0	5,0	79,0	7,0
347	44,0	45,0	−1,0	50,0	5,0	58,0	8,0	66,0	8,0	71,0	5,0	79,0	8,0	87,0	8,0	95,0	8,0
350	49,0	49,0	0,0	56,0	7,0	62,0	6,0	69,0	7,0	75,0	6,0	82,0	7,0	89,0	7,0	96,0	7,0
357	35,0	34,0	−1,0	40,0	6,0	46,5	6,5	50,0	3,5	57,0	7,0	61,5	4,5	66,0	4,5	72,0	6,0
358	45,0	46,0	1,0	52,0	6,0	54,0	2,0	60,5	6,5	70,0	9,5	77,0	7,0	85,0	8,0	92,0	7,0
363	38,0	36,5	−1,5	39,0	2,5	45,0	6,0	51,0	6,0	59,0	8,0	65,0	6,0	72,0	7,0	78,0	6,0
364	39,0	39,0	0,0	41,0	2,0	47,0	6,0	54,0	7,0	61,0	7,0	68,0	7,0	75,0	7,0	83,0	8,0
365	37,0	38,0	1,0	44,0	6,0	51,0	7,0	56,0	5,0	62,0	6,0	70,0	8,0	77,0	7,0	83,0	6,0
366	39,0	39,0	0,0	41,0	2,0	47,0	6,0	55,0	8,0	61,5	6,5	68,0	6,5	74,5	6,5	81,0	6,5
368	39,0	41,0	2,0	45,0	4,0	51,0	6,0	59,0	8,0	66,0	7,0	72,0	6,0	78,0	6,0	85,5	7,0
373	26,0	26,5	0,5	31,0	4,5	34,0	3,0	40,0	6,0	46,0	6,0	52,5	6,5	60,0	7,5	66,0	6,0
379	41,0	41,0	0,0	45,5	4,5	51,0	5,5	58,5	7,5	65,5	7,0	72,0	6,5	77,5	5,5	81,0	3,0
383	35,0	34,0	−1,0	37,0	3,0	43,0	6,0	49,0	6,0	54,0	5,0	61,5	7,5	67,5	6,0	75,0	7,0
Durchschn. v. 21 Tieren	38,2	38,9	0,7	43,8	4,9	49,6	5,8	56,3	6,7	62,9	6,6	69,9	6,7	75,9	6,3	82,4	6,
Durchschn. Zunah. pro Tag in g		100		700		829		957		943		957		900		929	

Tiere mit erheblichen

341	35,0	36,5	1,5	42,0	5,5	48,0	6,0	48,0	0,0	52,0	4,0	58,0	6,0	66,5	8,5	72,0	5,0
355	42,0	41,0	−1,0	48,0	7,0	53,5	5,5	59,0	5,5	67,0	8,0	75,0	8,0	82,0	7,0	86,0	4,0
380	44,0	41,0	−3,0	38,5	2,5	43,0	4,5	50,0	7,0	55,5	5,5	61,0	5,5	67,0	6,0	73,0	6,0

und Körperentwicklung bei Kälbern von der Geburt bis zur 15. Lebenswoche.

IV. Die Entwicklung und Futterverwertung der Tiere.

1. Die gewichtsmäßige Entwicklung.

Die Wägungen der Kälber wurden, wie erwähnt, täglich vorgenommen. Der Hauptzweck war dabei, eine Kontrolle über die Wägungen selbst und über das Befinden der Tiere zu haben und das durchschnittliche Lebendgewicht in der Woche oder bestimmten Abschnitten genauer festzustellen mit Rücksicht auf die Betrachtung der Futterverwertung. Von einer Angabe der täglichen Wägungen kann abgesehen werden, da die Angabe der wöchentlichen genügt, um die gewichtsmäßige Entwicklung zu erkennen. In Tab. 3 sind für jedes Tier die

der Einzeltiere und Durchschnittswerte in absoluten Zahlen.
b= Zunahme in Kilogramm.

9		10		11		12		13		14		15		Gesamt-zunahme kg	Durch-schnitt. Zunahme pro Tag g
a	b	a	b	a	b	a	b	a	b	a	b	a	b		
86,0	7,5	95,0	9,0	103,0	8,0	111,0	8,0	115,5	4,5	125,5	10,0	131,0	5,5	96,0	914
100,5	7,5	107,0	6,5	113,5	6,5	123,0	9,5	131,0	8,0	139,0	8,0	144,0	5,0	97,0	924
84,0	7,5	90,5	6,5	98,0	7,5	104,0	6,0	112,0	8,0	118,0	6,0	125,0	7,0	87,0	829
97,0	9,0	105,0	8,0	111,0	6,0	118,0	7,0	125,0	7,0	132,0	7,0	136,0	4,0	97,0	924
94,0	8,5	100,0	6,0	105,5	5,5	110,0	4,5	116,0	6,0	120,0	4,0	127,0	7,0	89,0	848
96,0	7,0	103,0	7,0	111,5	8,5	119,0	7,5	125,5	7,5	133,5	7,0	141,0	7,5	104,0	990
81,0	8,0	89,0	8,0	95,0	6,0	101,0	6,0	108,0	7,0	115,0	7,0	120,5	5,5	91,5	871
85,0	4,0	90,0	5,0	95,0	5,0	99,0	4,0	105,0	6,0	109,5	4,5	114,0	4,5	79,0	752
86,5	7,5	94,0	7,5	101,0	7,0	105,5	4,5	113,0	7,5	118,5	5,5	123,0	4,5	86,0	819
104,0	9,0	112,0	8,0	118,0	6,0	125,0	7,0	130,0	5,0	137,5	7,5	142,5	5,0	98,5	938
104,0	8,0	111,0	7,0	120,0	9,0	127,0	7,0	135,0	8,0	144,0	9,0	149,0	5,0	100,0	952
78,0	6,0	82,0	4,0	88,0	6,0	92,0	4,0	98,0	6,0	104,0	6,0	108,0	4,0	73,0	695
99,0	7,0	106,0	7,0	113,0	7,0	121,0	8,0	129,0	8,0	134,0	5,0	141,0	7,0	96,0	914
85,0	7,0	92,0	7,0	98,0	6,0	103,0	5,0	109,0	6,0	115,0	6,0	120,0	5,0	82,0	781
92,0	9,0	99,5	7,5	105,5	6,0	113,0	7,5	120,0	7,0	127,0	7,0	132,5	5,0	93,0	886
91,0	8,0	97,5	6,5	103,5	6,0	112,0	8,5	120,0	8,0	127,0	7,0	132,0	5,0	95,0	905
88,0	7,0	95,0	7,0	100,0	5,0	107,0	7,0	114,0	7,0	120,0	6,0	124,0	4,0	85,0	810
93,0	7,5	100,0	7,0	107,0	7,0	113,0	6,0	121,0	8,0	124,0	3,0	130,0	6,0	91,0	867
72,0	6,0	79,0	7,0	85,0	6,0	92,0	7,0	97,0	5,0	104,0	7,0	112,0	8,0	86,0	819
87,0	6,0	94,0	7,0	98,0	4,0	103,5	5,5	107,0	3,5	115,0	8,0	122,0	7,0	81,0	771
82,0	7,0	89,0	7,0	95,0	6,0	102,0	7,0	108,0	6,0	115,0	7,0	120,0	5,0	85,0	810
89,8	7,4	96,7	6,9	103,0	6,3	109,6	6,6	116,2	6,6	122,7	6,5	128,3	5,6	90,1	858
1057		986		900		943		943		929		800		858	858

Krankheitserscheinungen.

79,0	7,0	85,0	6,0	91,0	6,0	97,5	6,5	103,0	5,5	111,0	8,0	116,0	5,0	81,0	771
90,0	4,0	96,0	6,0	100,0	4,0	104,0	4,0	107,0	3,0	110,0	3,0	115,0	5,0	73,0	695
78,5	5,5	83,5	5,0	87,0	3,5	89,0	2,0	93,0	4,0	101,0	8,0	109,0	8,0	65,0	619

wöchentlichen Gewichte (Spalte a) und die wöchentlichen Zunahmen (Spalte b) in Kilogramm angegeben. Die beiden letzten senkrechten Spalten enthalten die Gesamtzunahme in Kilogramm während der 15 Wochen der Beobachtungszeit und die durchschnittliche tägliche Zunahme der Einzeltiere in Gramm ausgedrückt. In den zwei unteren waagerechten Zeilen ist das wöchentliche Gewicht und die Zunahme in Kilogramm bzw. die tägliche Zunahme in Gramm im Durchschnitt von 21 Tieren errechnet. Drei Tiere, die in der Tabelle gesondert angegeben sind, mußten wegen schwerer Erkrankungen ausscheiden. Kalb 341 und 380 litten in den ersten Wochen unter starkem Durchfall, 355 war von der 8. Woche an hüftlahm infolge Vertretens, und blieb es bis zum Schluß der Versuche. Leichte Durchfallerscheinungen zeigten sich auch bei einigen der anderen Tiere, ungünstige Auswirkungen auf die Lebendgewichtszunahme waren in diesen Fällen aber kaum vorhanden.

Das Geburtsgewicht der Kälber betrug im Durchschnitt von 21 Tieren 38,2 kg, bei Schwankungen von 26—49 kg.

Die Lebendgewichtszunahmen nach der 1. Woche zeigen erhebliche Schwankungen. Bei einem Teil der Kälber ist sogar eine Abnahme bis zu 1,5 kg zu verzeichnen. Die größte Zunahme in der 1. Woche beträgt 4 kg. Im weiteren Verlauf der gewichtsmäßigen Entwicklung zeigen sich immer wieder individuelle Unterschiede und Schwankungen, jedoch nicht in der Größe wie nach der 1. Woche. Ein ganz gleichmäßiges Ansteigen des Gewichtes ist bei keinem der Tiere vorhanden, sondern erweist sich als mehr oder weniger sprunghaft. Eine sichere Erklärung hierfür läßt sich jedoch nicht geben. Aber bekanntlich reagiert der Organismus und besonders der wachsende Organismus, außerordentlich stark auf Umweltreize, wie z. B. wechselnde Witterung oder Änderungen bzw. falsche Maßnahmen in der Fütterung und Haltung der Tiere. Um pathologische Zustände braucht es sich dabei nicht zu handeln, wenngleich derartige Erscheinungen ganz besonders starke (negative) Ausschläge in der Wachstumskurve bedingen, wie die Zahlen für die als krank erkannten Tiere zeigen. Erkennbare Veränderungen in der Futteraufnahme oder dem psychischen Verhalten der Kälber waren indessen nicht zu beobachten.

Nach der 3. Woche zeigt die Lebendgewichtszunahme pro Tag im Durchschnitt ziemlich gleichmäßige Werte. Nach 15 Lebenswochen beträgt sie bei einem durchschnittlichen Lebendgewicht von 128 kg im Mittel 90,1 kg, mit Schwankungen von 73—104 kg. Die durchschnittliche tägliche Zunahme beträgt als Mittel aller Tiere 858 g mit Schwankungen von 695—990 g. Bei den anfangs erkrankten Tieren scheint das Bestreben vorhanden zu sein, den Verlust später wieder nachzuholen.

Ein direkter Zusammenhang des Geburtsgewichtes mit der gewichtsmäßigen Entwicklung läßt sich nicht erkennen. So haben Tiere mit gleichem Geburtsgewicht eine ganz verschiedene gewichtsmäßige Entwicklung aufzuweisen, wie die Tiere 321, 344, 357 und 383 mit einem Geburtsgewicht von 35 kg und einer Gewichtszunahme von 96, 79, 73 und 85 kg bis zum Ende der Beobachtungszeit zeigen. Kälber mit einem niedrigeren Geburtsgewicht haben sich gewichtsmäßig besser entwickelt als Kälber mit einem höheren Geburtsgewicht. Deutlich ist dies zu beobachten bei den Kälbern 340 mit einem Geburtsgewicht von 29 kg und 91,5 kg Lebendgewichtszunahme und 344 mit 35 kg Geburtsgewicht und nur 79 kg Zunahme, sowie den Kälbern 373 mit 26 kg Geburtsgewicht und 86 kg Zunahme und 379 mit 41 kg Geburtsgewicht und 81 kg Zunahme nach 15 Wochen.

Der Fütterung entsprechend wurde die Gesamtzeit von 15 Wochen in einzelne Perioden zerlegt. Von der Geburt bis zum Ende der 5. Woche verläuft die reine Vollmilchperiode, auf die bis zum Ende der 10. Woche die Periode folgt, in der neben Vollmilch bereits Kraftfutter und Heu zum Verzehr gelangen. Der letzte Abschnitt erfaßt die Magermilchperiode, in welcher Kraftfutter und Heu in den Vordergrund treten, und zwar die Zeit von der 11. Woche bis zum Schluß der Beobachtungszeit. Die gewichtsmäßige Entwicklung in diesen Abschnitten gibt Tab. 4 an.

Die durchschnittliche Zunahme in den ersten 5 Wochen beträgt 24,7 kg oder pro Tag 757 g, die geringste und höchste Zunahme 19 bzw. 31 kg. In Prozenten zum Anfangsgewicht, hier gleich dem Geburtsgewicht, ist die Zunahme 64,7% mit Schwankungen von 53,1 bis 86,2%. Im zweiten Abschnitt beträgt die durchschnittliche Zunahme 33,8 kg (25—41 kg) oder pro Tag 966 g, in Prozenten des Endgewichtes der Vorperiode 53,7% (42,9—71,7%), in Prozenten des Geburtsgewichtes 153,1% (126,5—206,9%). Im letzten Abschnitt der Magermilchperiode sinkt die durchschnittliche Zunahme ein wenig und zwar auf 31,6 kg (24—38 kg) oder pro Tag auf 903 g; in Prozenten des Endgewichtes der Vorstufe beträgt sie 32,7% (26,7—38,8%), in Prozenten des Geburtsgewichtes 235,9% (197,6—330,8%). Bei den kranken Tieren ist die Störung wieder deutlich zu erkennen.

Wie auch schon die Zahlen in Tab. 3 zeigen, sind die individuellen Unterschiede in der Entwicklungsintensität sehr groß. Am Ende der Beobachtungszeit scheinen bei Betrachtungen der prozentualen Zunahme gegen die Vorstufe die Schwankungen etwas geringer zu werden. Die Gesamtzunahmen in Prozenten des Geburtsgewichtes fallen in der Größe nicht mit den absoluten Zunahmen zusammen. Sie richten sich vielmehr nach den Geburtsgewichten, und zwar ist die prozentuale Zunahme um so höher, je niedriger das Geburtsgewicht ist. Hieraus

Tabelle 4. *Die Gewichtsentwicklung in 3 Perioden.*

Kalb Nr.	Geb.-Gew. kg	Ende der 5. Woche			Ende der 10. Woche					Ende der 15. Woche				
		a	b	c	a	b	c	d	e	a	b	c	d	e
321	35,0	60,0	25,0	71,4	95,0	60,0	171,4	35,0	58,3	141,0	96,0	274,3	36,0	37,9
324	47,0	73,0	26,0	55,3	107,0	60,0	127,7	34,0	46,6	144,0	97,0	206,4	37,0	34,6
327	38,0	55,5	20,5	53,9	90,5	52,5	138,2	32,0	54,7	125,0	87,0	228,9	34,5	38,1
333	39,0	69,0	30,0	76,9	105,0	66,0	169,2	36,0	52,2	136,0	97,0	248,7	31,0	29,5
334	38,0	67,0	29,0	76,3	100,0	62,0	163,1	33,0	49,2	127,0	89,0	234,2	27,0	27,0
335	37,0	68,0	21,0	83,8	103,0	66,0	178,4	35,0	51,5	141,0	104,0	281,1	38,0	36,9
340	29,0	54,0	25,0	86,2	89,0	60,0	206,9	35,0	64,8	120,5	91,5	315,5	31,5	35,4
344	35,0	63,0	28,0	71,8	90,0	55,0	157,1	27,0	42,9	114,0	79,0	225,7	24,0	26,7
345	37,0	61,0	24,0	64,9	94,0	57,0	154,1	33,0	54,1	123,0	86,0	232,4	29,0	30,9
347	44,0	71,0	27,0	61,4	112,0	68,0	154,5	41,0	57,7	142,5	98,5	223,9	30,5	27,2
350	49,0	75,0	26,0	53,1	111,0	62,0	126,5	36,0	48,0	149,0	100,0	204,1	38,0	34,2
357	35,0	57,0	22,0	62,8	82,0	47,0	134,3	25,0	43,8	108,0	73,0	208,6	26,0	29,5
358	45,0	70,0	25,0	55,5	106,0	61,0	135,6	36,0	51,4	141,0	96,0	213,3	35,0	31,0
363	38,0	59,0	21,0	55,3	92,0	54,0	142,1	33,0	55,9	120,0	82,0	215,8	28,0	28,6
364	39,0	61,0	22,0	56,4	99,5	60,5	155,1	38,5	63,1	132,0	93,0	238,5	32,5	30,8
365	37,0	62,0	25,0	67,6	97,5	60,5	159,2	35,5	57,3	132,0	95,0	256,8	34,5	33,3
366	39,0	61,5	22,5	57,5	95,0	56,0	143,6	33,5	54,5	124,0	85,0	217,9	29,0	29,0
368	39,0	66,0	27,0	69,2	100,0	61,0	156,4	34,0	51,5	130,0	91,0	233,3	30,0	28,0
373	26,0	46,0	20,0	76,9	79,0	53,0	203,8	33,0	71,7	112,0	86,0	330,8	33,0	38,8
379	41,0	65,5	24,5	59,8	94,0	53,0	129,3	28,5	43,5	122,0	81,0	197,6	28,0	28,6
383	35,0	54,0	19,0	54,3	89,0	54,0	154,3	35,0	64,8	120,0	85,0	242,9	31,0	32,6
Durchschnitt	38,2	62,9	24,7	64,7	96,7	58,5	153,1	33,8	53,7	128,3	90,1	235,9	31,6	32,7

Tiere mit Krankheitserscheinungen.

341	35,0	52,0	17,0	48,6	85,0	50,0	142,8	33,0	63,5	116,0	81,0	231,4	31,0	36,5
355	42,0	67,0	25,0	59,5	96,0	54,0	128,6	29,0	43,3	115,0	73,0	173,8	19,0	19,8
380	44,0	55,5	11,5	26,1	83,5	35,0	89,8	28,0	50,4	109,0	65,0	147,7	25,5	29,4

a = absolutes Gewicht in Kilogramm; b = absolute Zunahme von der Geburt an in Kilogramm; c = Zunahme von der Geburt an in Prozenten des Geburtsgewichtes; d = absolute Zunahme gegen die Vorstufe in Kilogramm; e = Zunahme gegen die Vorstufe in Prozenten des Endgewichtes der Vorstufe.

geht hervor, daß die im Gewicht leichteren Tiere bezüglich der Vermehrung der Körpersubstanz verhältnismäßig mehr leisten als die schweren. Besonders auffallend ergibt sich das aus den Zahlen bei den Tieren mit dem höchsten und niedrigsten Geburtsgewicht:

Nr.	Geburtsgewicht kg	Absolute Zunahme in 15 Wochen in kg	Zunahme in Proz. des Geburtsgewichts
350	49	100	204,1
373	29	86	330,8

Das ist aber nicht bei allen Tieren im gleichen Maße der Fall, wie die Kälber 357 und 344 zeigen, bei denen die Entwicklungsintensität mit 208,6 und 225,7 % bei einem Geburtsgewicht von 35 kg sehr gering ist.

Ähnliches zeigen auch die Zahlen in der folgenden Tab. 5 über die Verdoppelungszeit des Geburtsgewichts bei den einzelnen Tieren.

Tabelle 5. *Die Verdoppelungszeit des Geburtsgewichts.*

Kalb Nr. ...	321	324	327	333	334	335	340	344	345	347	350	357	358	363	364	365	366	368	373	379	383	Durchschnitt	341	355	380
Geb.-Gewicht	35	47	38	39	38	37	29	35	37	44	49	35	45	38	39	37	39	39	26	41	35	38,2	35	42	44
Tage zur Verdoppelung	47	57	55	44	44	40	39	41	51	50	58	54	54	54	52	47	53	49	41	56	51	49,4	54	53	78

Nach *Rubner*[24] gilt die Verdopplungszeit als Maß für die Wachstumsintensität, allerdings unter Berücksichtigung der Umweltverhältnisse, insbesondere der Fütterung. Die durchschnittliche Verdopplungszeit beträgt hier 49,4 Tage, nach *Rubner* für das Rind 47 Tage. Als kürzeste Zeit bis zur Verdopplung wurden 39 Tage, als längste 58 Tage gebraucht. Diese Schwankung in der Verdopplungszeit wird, wie aus den Zahlen hervorgeht, in der Hauptsache von dem verschiedenen Geburtsgewicht der Tiere bedingt, insofern, als einem hohen Geburtsgewicht eine lange Verdopplungszeit entspricht, außerdem spielen aber auch individuelle Eigenschaften eine Rolle. Ähnliche Ergebnisse zeigen auch Feststellungen von *Kronacher* und *Kliesch*[20] bei Ziegenlämmern. In einem anderen Zusammenhange wird darauf noch näher eingegangen werden (S. 69ff.).

Zum Vergleich der gewichtsmäßigen Entwicklung der Kälber wurden von den auf S. 32 erwähnten Arbeiten diejenigen herangezogen, die auf Grund der Art der Untersuchungen und des dabei verwendeten Materials die Möglichkeit zum Vergleich mit den Ergebnissen der vorliegenden Arbeit boten. Es handelt sich dabei um sechs Untersuchungen an weiblichen Rindern. Davon um fünf Arbeiten über schwarzbunte Niederungsrinder und eine solche über das württembergische Höhenfleckenvieh, und zwar die Arbeiten von *Feuersänger*[8] und *Brzitwa*[3], von *Hansen*[13], von *Dalchau*[4] und von *Schmidt* und *Vogel*[25] und von *Vopelius*[26].

In der Abb. 1 sind die durchschnittlichen Ergebnisse der Gewichtsentwicklung der Kälber aus den verschiedenen untersuchten Herden sowie die eigenen Ergebnisse während der ersten 15 oder 16 Lebenswochen graphisch dargestellt. Die Geburtsgewichte bei den schwarzbunten Tieren liegen dicht beieinander: bei *Brzitwa* (Herde Lorzendorf) 43,4 kg, bei *Brzitwa* (Herde Markwitz) 42,8 kg, bei *Feuersänger* 40,7 kg, bei *Schmidt-Vogel* 39,2 kg und bei den eigenen Untersuchungen 38,2 kg. Das Geburtsgewicht der ostpreußischen Tiere ist nicht ermittelt, desgleichen beginnen die Erhebungen bei *Dalchau*, wie anfangs erwähnt, erst nach der 1. Lebenswoche. Beim Höhenfleckvieh beträgt das Geburtsgewicht 47,8 kg, also erheblich mehr als bei den schwarzbunten Tieren.

Am Ende der 1. Woche weicht das auf Grund der eigenen Untersuchungen gefundene Ergebnis durch eine sehr geringe Zunahme von den übrigen ab, was wohl auf eine allgemeine zu geringe Futterauf-

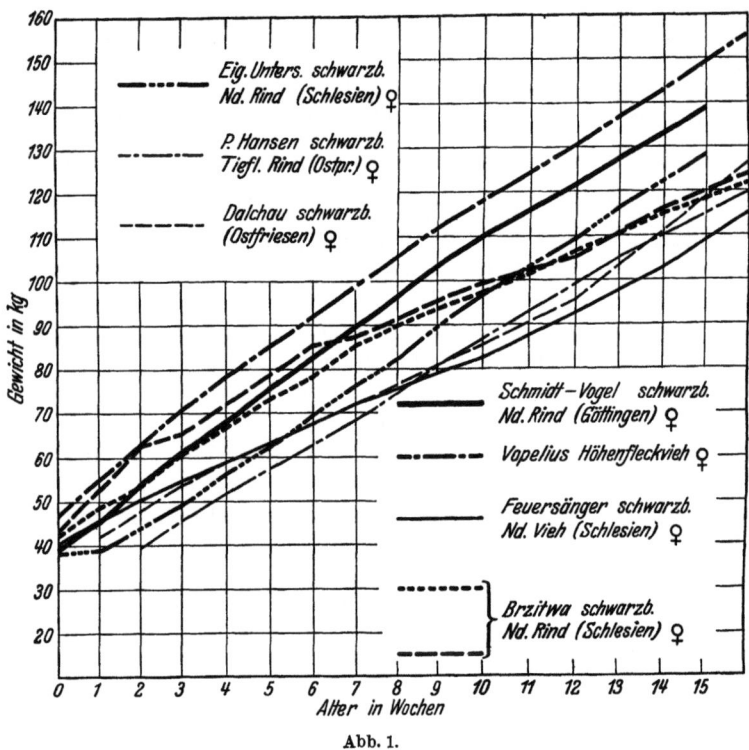

Abb. 1.

nahme in der 1. Lebenswoche zurückzuführen ist. Von der 2. Woche an zeigen drei der Kurven einen ungefähr parallelen Verlauf, sie steigen sehr gleichmäßig an bis zum Schluß der Untersuchungen, was eine gleichmäßige Gewichtsentwicklung bedeutet. Es sind dies die Erhebungen am Höhenfleckvieh, die in Friedland (*Schmidt* und *Vogel*) und die eigenen Untersuchungen. Bei den ostpreußischen Kälbern (*Hansen*) sind die Zunahmen durchweg ein wenig geringer. Ungefähr das gleiche gilt für die von *Feuersänger* untersuchten Kälber, deren Entwicklung von der 5. Woche ab nicht unwesentlich schlechter ist als die vom Verfasser untersuchten Tiere. Die von *Dalchau* untersuchten Kälber weisen bis zur 4. Woche etwa die gleichen Zunahmen auf, wie sie bei den eigenen und den meisten anderen Erhebungen festgestellt wurden. Nach diesem Abschnitt ist der Verlauf der Wachstumskurve ungefähr der gleiche wie bei den Tieren von *Feuersänger*, aber nur bis zur 12. Woche. Nach diesem Zeitpunkt zeigt die Kurve plötzlich einen steileren Anstieg, was möglicherweise mit einer besseren Ernährung zusammenhängt. Von den Ergebnissen *Brzitwas* zeigen sich bei der einen Herde (Markwitz) bis zur 7. Woche ziemlich die gleichen Zunahmen

und Körperentwicklung bei Kälbern von der Geburt bis zur 15. Lebenswoche. 49

wie bei den Ostpreußen. Bei der anderen Herde (Lorzendorf) ist die Gewichtsentwicklung in den ersten 2 Wochen am größten von allen, in der 3. Woche sinkt die Zunahme erheblich, steigt dann wieder in normaler Weise bis zur 6. Woche und fällt darauf eine Woche lang stark ab. Von der 7. Woche bis zum Schluß ist der Verlauf der Kurve ungefähr derselbe wie bei der Herde Markwitz. Beide zeigen von der 7. Woche an bis zum Schluß die geringsten Zunahmen. Die schlechteren gewichtsmäßigen Entwicklungen, vor allem bei den drei schlesischen Herden, sind sicherlich auf die Fütterung zurückzuführen. Nach den Angaben *Brzitwas* saugten die Kuhkälber bis zum Alter von 4 bis 6 Wochen — späterhin wurden sie statt dessen in der gleichen Zeit getränkt — und wurden dann abgesetzt unter allmählichem Ersatz der Vollmilch durch Magermilch mit Beifutter von 1 kg Hafer und beliebigen Heumengen. Diese Angaben erklären das Abfallen der Kurve ohne weiteres und zeigen, daß der Entzug der Vollmilch etwas zu früh und auch wohl zu plötzlich vorgenommen wurde.

Der von *Vopelius* und *Schmidt* und *Vogel* festgestellte Verlauf der gewichtsmäßigen Entwicklung entspricht wohl dem bei weiblichen Zuchttieren wünschens- und erstrebenswerten. Abgesehen von der 1. Woche zeigen die eigenen Erhebungen weitgehende Übereinstimmung mit jenen beiden Untersuchungen.

2. Die Futteraufnahme und Futterverwertung.

Über Futterverhältnisse und Art der Fütterung während der 15 wöchigen Beobachtungszeit sind die für die aufgezogenen Kälber allgemeinen Richtlinien und Gesichtspunkte schon angegeben. Im folgenden soll näher ausgeführt werden, was und wieviel an Futter jeglicher Art im Lauf der Zeit von den Einzeltieren aufgenommen und wie es von ihnen verwertet wurde.

Futterverzehr wie Zunahme des Lebendgewichtes wurden, wie erwähnt, täglich festgestellt, die Angabe aller dieser Zahlen, so interessant sie sind, muß aber aus technischen Gründen unterbleiben*.

Ein Vergleich der Futterverwertung bei den einzelnen Tieren kann daher immer nur abschnittsweise erfolgen. Dafür wurden folgende Abschnitte gewählt:

Die 1. Lebenswoche — Kolostralmilchperiode.
Die 2. bis 5. Lebenswoche — Vollmilchperiode.
Die 6. bis 10. Lebenswoche — Vollmilch-Kraftfutterperiode.
Die 11. bis 15. Lebenswoche — Magermilch-Kraftfutterperiode.
und außerdem der ganze Abschnitt vom Beginn der 2. bis zum Schluß der

---

* Das gesamte Zahlen- und Kurvenmaterial, soweit es nicht in der vorliegenden Arbeit vorhanden ist, befindet sich im Institut für Tierzucht und Milchwirtschaft der Universität Breslau.

15. Woche, eine Zeit, in der eine ganz genaue Ermittlung des Futterverzehrs möglich war.

a) *Kolostralmilchperiode (1. Lebenswoche).*

In der Kolostralmilchperiode lassen sich genaue Angaben über die Futteraufnahme aus den schon erwähnten Gründen (S. 38) noch nicht machen. Tab. 6 gibt eine Aufstellung der in dieser Zeit ermittelten Zahlen für Verzehr und Zunahme. Die mit * bezeichneten Tiere haben, bevor sie in den Stall kamen, gleich nach der Geburt bei der Mutter ein wenig gesaugt, so daß die tatsächlich aufgenommenen Milchmengen etwas höher liegen als die hier angegebenen.

Der durchschnittliche Verzehr an Milch pro Tier und Tag liegt bei den meisten Kälbern sehr niedrig im Vergleich zu anderen ermittelten oder zur Fütterung vorgeschlagenen Normen. Im Durchschnitt von

Tabelle 6. *Futterverzehr und Zunahme in der Kolostralmilchperiode (1. Lebenswoche).*

Nr. des Kalbes	321	324	327*	333	334	335*	340*	341*	344*	345	347	350
Gesamtverzehr Vollmilch in Lit.	15,75	33,25	18,75	21,0	24,0	25,0	19,5	17,0	18,0	17,0	26,0	24,5
Durchschn. Verzehr pro Tag	2,24	4,8	2,7	3,0	3,4	3,6	2,8	2,4	2,6	2,4	3,7	3,5
Vollm.-Verz. in Teil. d. Lebendgew.	$1/15$	$1/10$	$1/14$	$1/13$	$1/11$	$1/11$	$1/11$	$1/15$	$1/14$	$1/15$	$1/12$	$1/14$
Zu- od. Abnahme in der 1. Woche	—0,5	2,0	—1	1,5	2,5	4,0	3,0	1,5	1,0	0,5	1,0	0

Nr. des Kalbes	355	357	358*	363	364	365	366*	368	373	379	383
Gesamtverzehr Vollmilch in Lit.	18,5	16,5	16,5	16,5	17,0	18,0	16,5	17,0	14,5	19,5	15,0
Durchschn. Verzehr pro Tag	2,6	2,4	2,4	2,4	2,4	2,6	2,4	2,4	2,1	2,8	2,1
Vollm.-Verz. in Teil. d. Lebendgew.	$1/15$	$1/14$	$1/19$	$1/15$	$1/16$	$1/14$	$1/16$	$1/16$	$1/13$	$1/15$	$1/16$
Zu- od. Abnahme in der 1. Woche	—1,0	—1,0	1,0	—1,5	0	1,0	0	2,0	0,5	0	—1,0

23 Tieren — das kranke Tier 380 wurde fortgelassen — beträgt die in der 1. Woche durchschnittlich pro Tier und Tag verzehrte Vollmilchmenge 2,8 kg. Hingegen werden angegeben von:

Schmidt und *Vogel* . . . . 4,2 kg
Falke (nach *Schmidt* u. *Vogel*) . 4,0 kg
Peters . . . . 3,5 kg
Freyschmidt . . . . 4,0 kg

Wie die Zahlen in der Tab. 6 zeigen, haben nur wenige Tiere diese Mengen aufgenommen. Ähnlich steht es mit dem auf das Lebendgewicht bezogenen Futterverzehr. Nach *Zorn* soll ein Tier je Tag

und Körperentwicklung bei Kälbern von der Geburt bis zur 15. Lebenswoche. 51

etwa $^1/_7$ des Lebendgewichts an Milch erhalten. Bei den vorliegenden Untersuchungen wird diese Milchmenge jedoch nicht erreicht, es kommen jeweils nur $^1/_{10}$—$^1/_{19}$ des Lebendgewichts zum Verzehr. Wie auch aus den relativ geringen Lebendgewichtszunahmen in der 1. Lebenswoche hervorgeht, liegt hier zweifellos ein Fehler der Fütterungstechnik vor, insofern als dreimaliges Tränken am Tage, wobei nur verhältnismäßig wenig Milch aufgenommen werden kann, nicht ausreicht. Die geringen Milchmengen sind außerdem aus der großen Vorsicht bei Verabreichung der Milch in der 1. Woche und der aus Furcht vor Verdauungsstörungen nur ganz allmählich erfolgenden Steigerung der Milchgaben zu erklären. Häufigeres Tränken war aber, wie eingangs schon erwähnt, wenigstens für einen Teil der Kälber kaum durchzuführen.

Auf das Lebendgewicht bezogen, weisen die aufgenommenen Milchmengen keine Gleichmäßigkeit auf, sie betragen $^1/_{10}$—$^1/_{16}$ bei den Kälbern, die nicht gesaugt haben. Allen Tieren dem Lebendgewicht entsprechende gleiche Milchmengen zu verabreichen, ließ sich nicht ermöglichen. Einige Kälber nahmen die dargebotenen Mengen nicht einmal an, andere wieder hatten das Bedürfnis, mehr Milch aufzunehmen. Es wäre aber nicht richtig gewesen, den letztgenannten Tieren nun weniger Milch zu geben, um den Verzehr gleich zu gestalten, da durch eine solche Maßnahme unnatürliche und unrichtige Ergebnisse die Folge gewesen sein würden. Es wurden bei jedem Tier die individuellen Eigenarten möglichst berücksichtigt.

Einen Maßstab für die Verwertung der Milch geben die Lebendgewichtzunahmen bzw. -abnahmen in der 1. Woche. Hier treten individuelle Unterschiede deutlich hervor. Tiere, die dem Lebendgewicht entsprechend gleiche Milchmengen aufnehmen, zeigen voneinander abweichende Zunahmen, auch unter Berücksichtigung der Geburtszeit und Stalltemperatur. Zum Beispiel in gleichen Jahreszeiten:

Die Kälber 334, 335, 340, die $^1/_{11}$ ihres Gewichts verzehrten, zeigen in der 1. Woche Zunahmen von 2,5, 4,0 und 3,0 kg; ferner Nr. 344, 350, 357 mit $^1/_{14}$ Verzehr und 1,0, 0,0 und —1,0 kg Zu- oder Abnahme. Nr. 364, 366, 368 haben $^1/_{16}$ des Lebendgewichts an Milch verzehrt, dabei 0,0, 0,0 und 2,0 kg zugenommen. Bei Kälbern mit unterschiedlichem Verzehr kommt es vor, daß mit der geringeren Aufnahme die größere Gewichtsvermehrung verbunden ist. Bei diesen eben genannten Zahlen ist allerdings zu beachten, daß die Ermittlung des Milchverzehrs aus den eingangs erwähnten Gründen vielfach nur ungenau erfolgen konnte.

b) Vollmichperiode (2. bis 5. Lebenswoche).

Von der 2. Woche an, also dem Beginn der Vollmilchperiode, ist die Futteraufnahme genau festgestellt und der Nährstoffgehalt der Futterrationen ermittelt worden. Die Zugabe von Heu und Kraftfutter zur Vollmilch beginnt schon innerhalb dieses Abschnittes. Die außer der Milch verzehrten Futtermittel führen dem Tier aber nur sehr wenig Nährstoffe zu und fallen bei der aufgenommenen Menge kaum in die Waagschale. Während der ganzen Periode von der 2. bis 5. Lebenswoche wurden von einem Tier im Durchschnitt 0,350 kg Kraftfutter und 0,300 kg Heu insgesamt verzehrt. In jedem Falle erfolgte aber ein ganz allmähliches Gewöhnen der Tiere an feste Nahrung mit mehr Trockenmasse.

Tab. 7 gibt den Futterverzehr in der 2. bis 5. Woche wieder*. Die verzehrten Vollmilchmengen unterliegen Schwankungen von 175 bis 274 kg, die in der Hauptsache mit dem Lebendgewicht, also der Größe der Kälber, zusammenhängen. Kraftfutter- und Heuverzehr sind, wie oben angeführt, gering und brauchen noch nicht näher betrachtet zu werden.

Um die Schwankungen in der Zusammensetzung der Milch, die allerdings unbeachtlich sind, auszuschalten, und zugleich das gesamte Futter

Tabelle 7. *Futterverzehr in der Vollmilchperiode (2. bis 5. Lebenswoche).*

Kalb Nr.	Vollmilch kg	Kraftfutter kg	Heu kg	Absoluter Verzehr in Summa			Verzehr auf 100 kg/Tag			Verhältnis v. Eiweiß : Stärkew.
				Trock.-Masse	Stärkewerte	verd. Eiweiß	Trock.-Masse	Stärkewerte	verd. Eiweiß	
321	234,93	0,45	—	27,417	32,470	7,045	2,131	2,524	0,548	1:4,6
324	271,97	0,6	0,25	32,245	37,200	7,926	1,920	2,216	0,472	1:4,7
327	249,86	0,3	—	29,203	35,150	7,448	2,224	2,677	0,567	1:4,7
333	270,97	0,15	0,2	31,829	37,448	8,015	2,069	2,435	0,521	1:4,7
334	267,88	0,3	0,1	31,180	37,226	7,954	2,095	2,501	0,535	1:4,7
335	274,59	0,3	0,2	31,971	38,051	8,176	2,108	2,508	0,539	1:4,7
340	227,80	0,3	—	26,871	31,742	6,932	2,257	2,666	0,582	1:4,6
341	217,29	0,3	0,5	27,041	31,749	6,737	2,115	2,483	0,527	1:4,7
344	248,29	0,3	0,5	30,468	35,792	6,650	2,250	2,650	0,566	1:4,7
345	234,58	0,45	0,8	29,220	33,767	7,330	2,234	2,582	0,560	1:4,6
347	267,25	1,8	0,5	34,061	39,884	8,640	2,115	2,476	0,537	1:4,6
350	270,77	0,6	1,5	34,303	39,707	8,352	1,969	2,279	0,479	1:4,8
355	245,67	0,3	0,2	29,041	35,566	7,548	1,955	2,394	0,508	1:4,7
357	210,66	—	0,1	25,925	30,956	6,514	2,047	2,444	0,514	1:4,7
358	232,85	0,15	0,2	28,783	34,180	7,215	1,837	2,181	0,460	1:4,7
363	214,07	0,3	0,5	26,690	31,682	6,685	2,104	2,498	0,527	1:4,7
364	205,32	0,3	0,3	25,398	30,184	6,345	1,910	2,270	0,477	1:4,7
365	226,98	0,15	0,025	27,578	33,227	7,009	1,985	2,391	0,504	1:4,7
366	224,41	0,15	0,4	26,697	32,963	6,931	1,994	2,463	0,518	1:4,7
368	235,70	0,3	0,1	28,705	34,465	7,265	1,985	2,383	0,502	1:4,7
373	174,93	0,15	0,3	21,321	25,508	5,325	2,182	2,611	0,545	1:4,8
379	230,51	0,3	0,3	27,821	33,437	6,978	1,924	2,314	0,483	1:4,8
380	156,73	0,3	0,1	19,041	22,856	4,783	1,979	2,376	0,497	1:4,8
383	206,87	0,3	0,3	25,022	29,983	6,288	2,097	2,513	0,527	1:4,8

* Bei Kalb 380 wurde der Verzehr in der 2. Woche wegen Krankheit des Tieres wiederum nicht mit erfaßt. Die Zahlen sind hier auf 3 Wochen berechnet und nicht mit den übrigen zu vergleichen.

und Körperentwicklung bei Kälbern von der Geburt bis zur 15. Lebenswoche. 53

an Milch, Kraftfutter und Heu bei allen Tieren auf eine einheitliche Basis zu bringen, wurde das Gesamtfutter auf seinen Gehalt an Trockenmasse, Stärkewert und verdaulichem Eiweiß umgerechnet. Das Verhältnis von verdaulichem Eiweiß zum Stärkewert ist 1 : 4,8. Ein erheblicher Unterschied besteht, wie die Tab. 7 zeigt, nicht, so daß das Verhältnis bei allen Tieren praktisch als gleich bezeichnet werden kann. Das Eiweißverhältnis, d. h. verdauliches Eiweiß : verdauliche N-freie Extraktstoffe (Milchzucker 76%) + verdauliche Rohfaser + verdauliches Fett × 2,2 (bei Milch 2,41), beträgt 1 : 3,8 und ist bei allen Tieren ebenfalls gleich.

Der Futterverzehr ist auf das Lebendgewicht von 100 kg berechnet, um Vergleichsmöglichkeiten bei den einzelnen Tieren zu haben. Der Gehalt an verdaulichem Eiweiß richtet sich ganz nach dem Stärkewert, da das Verhältnis zum Stärkewert, wie erwähnt, immer das gleiche ist. Daher kann auch die Stärkewertmenge allein zum Vergleich des Futterverzehrs bei den Einzeltieren herangezogen werden.

Die Werte für die durchschnittlich pro Tag und 100 kg Lebendgewicht verzehrten Stärkewertmengen liegen zwischen 2,18 und 2,68 kg.

Einen Vergleich der Einzeltiere in der Futterverwertung erschweren die verschiedenen Lebendgewichte insofern, als absolut genommen ein schwereres Tier mehr Nährstoffe zu 1 kg Lebendgewichtszunahme benötigt als ein leichteres, da ja der Erhaltungsbedarf bei dem ersteren größer ist. Relativ, d. h. im Verhältnis zu 1 kg Lebendgewicht, braucht zwar das leichte Tier mehr, da sich der Erhaltungsbedarf nicht nach dem Gewicht, sondern nach der Oberfläche richtet und diese nicht im gleichen Verhältnis zum Gewicht steht bzw. sich verändert. Das Verhältnis zwischen zwei Oberflächen O_1 und O_2 und den Gewichten G_1 und G_2 ist vielmehr nach *Fingerling*[7]: $O_1 : O_2 = G_1^{2/3} : G_1^{2/3}$. Da jedoch die Unterschiede jener beiden Größen, wie später noch genauer gezeigt werden soll (vgl. S. 69ff.), nur gering sind, wozu noch kommt, daß die Feststellung der Oberfläche eines Tieres mit Schwierigkeiten verbunden ist — und weiter allgemein bei der Berechnung der Futterverwertung mit dem Lebendgewicht gerechnet wird, soll auch im folgenden nur das Lebendgewicht zugrunde gelegt werden ohne besondere Berücksichtigung der Oberfläche.

Zum Vergleich der Futterverwertung sind die Tiere in Tab. 8 nach dem Futterverzehr auf 100 kg Lebendgewicht geordnet und in Gruppen untergeteilt, die dem Verzehr nach zusammen passen. Die kranken Tiere befinden sich am Schluß der Zusammenstellung. In der Spalte nach der Bezeichnung des Kalbes ist von jedem Tier die Summe der täglichen Gewichte angegeben, aus denen das tägliche durchschnittliche Lebendgewicht während der Periode in der folgenden Spalte errechnet ist. Zur Übersicht ist noch einmal der Gesamtverzehr von Stärkewerten

Tabelle 8. *Futterverwertung in der Vollmilchperiode (2. bis 5. Lebenswoche).*

Kalb Nr.	Summe der täglichen Gewichte kg	Durchschnittl. tägliches Lebendgewicht kg	Gesamtverzehr		Zunahme in der Periode kg	Zu 1 kg Zunahme erforderlich		Verzehr auf 100 kg je Tag Stärkewert kg	Zunahme auf 100 kg je Tag kg
			verdaul. Eiweiß kg	Stärkewert kg		verdaul. Eiweiß kg	Stärkewert kg		
358	1567,0	56,0	7,215	34,180	24,0	0,301	1,424	2,181	1,532
324	1679,0	60,0	7,926	37,20	24,0	0,330	1,550	2,216	1,429
364	1329,5	47,5	6,345	30,183	22,0	0,288	1,370	2,270	1,654
350	1742,5	62,2	8,352	39,707	26,0	0,320	1,527	2,279	1,492
379	1445,0	51,6	6,978	33,437	24,5	0,285	1,363	2,314	1,695
368	1446,0	51,7	7,265	34,465	25,0	0,291	1,379	2,383	1,729
365	1389,5	49,6	7,009	33,227	24,0	0,292	1,384	2,391	1,727
355	1485,5	53,0	7,548	35,566	26,0	0,290	1,368	2,394	1,750
333	1538,0	54,9	8,015	37,448	28,5	0,281	1,314	2,435	1,800
357	1266,5	45,2	6,514	30,956	23,0	0,283	1,346	2,444	1,816
366	1338,5	47,8	6,931	32,963	22,5	0,308	1,465	2,463	1,681
347	1610,5	57,5	8,640	39,884	26,0	0,332	1,534	2,476	1,614
363	1268,5	45,3	6,685	31,682	22,5	0,292	1,408	2,498	1,774
334	1488,0	53,1	7,954	37,226	26,5	0,300	1,405	2,501	1,780
335	1517,0	54,2	8,176	38,051	27,0	0,303	1,409	2,508	1,780
383	1193,0	42,6	6,288	29,983	20,0	0,314	1,499	2,513	1,676
321	1256,5	45,9	7,045	32,470	25,5	0,276	1,273	2,524	1,982
345	1308,0	46,7	7,330	33,767	23,5	0,321	1,437	2,582	1,797
373	977,0	35,0	5,325	25,508	19,5	0,273	1,308	2,611	1,996
344	1351,0	48,2	7,650	35,792	27,0	0,283	1,326	2,650	1,999
340	1190,5	42,5	6,932	31,742	22,0	0,315	1,443	2,666	1,848
327	1313,0	47,0	7,448	35,150	21,5	0,346	1,635	2,677	1,637
341	1278,5	45,7	6,737	31,749	15,5	0,435	2,048	2,483	1,212
380	962,0	45,8	4,783	22,856	17,0	0,281	1,344	2,376	1,767

und verdaulichem Eiweiß angeführt sowie die Zunahme des Lebendgewichts. Als Maßzahl für die Futterverwertung gilt die zu 1 kg Zunahme einschließlich des Erhaltungsbedarfs erforderliche Menge an Stärkewerten und die Zunahme auf je 100 kg Lebendgewicht in Verbindung mit dem Verzehr auf je 100 kg.

Die zu 1 kg Zunahme erforderliche Menge an Stärkewerten liegt bei den einzelnen Tieren zwischen 1,273 und 1,635 kg. Mit zunehmendem Verzehr auf 100 kg Lebendgewicht zeigt sich allgemein eine entsprechend bessere Zunahme. Bei etwa gleichem Verzehr sind zum Teil auch die Zunahmen gleich. Einige Tiere fallen aber ganz aus dem Rahmen, sie haben das Futter sehr schlecht verwertet.

In der I. Gruppe von 4 Tieren mit einem Verzehr von 2,18 bis 2,28 kg Stärkewert auf 100 kg Lebendgewicht ist die Futterausnutzung sehr verschieden, wie die Zahlen für den Verbrauch an Stärkewerten zu 1 kg Zunahme zeigen. Kalb 324 hatte (wohl infolge Erkältung) leichte

und Körperentwicklung bei Kälbern von der Geburt bis zur 15. Lebenswoche.

Verdauungsstörungen, worauf die schlechtere Futterausnutzung zurückgeführt werden kann. Die Kälber 364 und 350, die einen ganz gleichen Verzehr aufweisen, verwerten das Futter recht verschieden, zu 1 kg Zunahme verbrauchen sie 1,37 bzw. 1,527 kg Stärkewert. Kalb 350 ist im November geboren und hatte während der Vollmilchperiode niedrigere Stalltemperaturen als 364, das im März geboren wurde. Die schlechtere Futterausnutzung von 350 aber darauf allein zurückzuführen, geht nicht an, denn andere Tiere weisen unter gleichen Umständen derartige Schwankungen nicht auf. Irgendwelche Unregelmäßigkeiten waren bei dem Tier 350 nicht zu verzeichnen, es machte einen munteren und gesunden Eindruck. Auch 358, im Februar geboren, mit etwa gleichen Temperaturverhältnissen in der ersten Entwicklungszeit, hat das Futter besser verwertet. Es ist daher anzunehmen, daß die schlechtere oder bessere Futterverwertung eine durchaus individuelle, von den gewöhnlichen Umweltverhältnissen nur wenig oder gar nicht beeinflußbare Eigenschaft darstellt.

Die folgende Gruppe von 4 Tieren ist dem Verzehr, 2,31—2,39 kg Stärkewert auf 100 kg Lebendgewicht, entsprechend sehr gleichmäßig in der Futterverwertung. Mit der vermehrten Futteraufnahme erhöhen sich die Zunahmen von 1,69 auf 1,75 kg je 100 kg Lebendgewicht. Drei der Tiere sind im Frühjahr, eins davon im Winter geboren, was sich auch hier bei der Futterverwertung in keiner Weise bemerkbar macht.

Weiterhin zeigen die beiden ersten Kälber der III. Gruppe, die im August und Februar geboren sind, eine vollkommen übereinstimmende, und zwar gute Futterverwertung, während die anderen Kälber stark abfallen. Im Futterverzehr liegt kein erheblicher Unterschied, er bewegt sich zwischen 2,44—2,50 kg Stärkewert auf 100 kg Lebendgewicht. Dabei weisen die Tiere mit der schlechteren Futterverwertung einen etwas höheren Verzehr auf. Eine Überfütterung hat aber keinesfalls stattgefunden, vielmehr erweist sich auch hier wieder die Futterverwertung als individuelle Eigenschaft. Die Geburtszeit oder andere äußeren Anlässe haben als beeinflussende Faktoren jedenfalls keinen Anteil daran.

Die IV. Gruppe mit 5 Tieren und einem Verzehr von 2,50—2,58 kg Stärkewert auf 100 kg Lebendgewicht zeigt nur ein Tier, 321, mit sehr guter Futterverwertung, und zwar 1,273 kg Stärkewert je 1 kg Lebendgewichtszunahme, und einer dem Verzehr entsprechenden hohen Zunahme. Die beiden ersten Kälber haben sehr gleichmäßig gefressen und das Futter gleichmäßig verwertet. Tiere aus der vorhergehenden Gruppe mit geringerem Verzehr zeigen aber bessere Zunahmen, so daß die beiden Tiere der IV. Gruppe nicht so gut zugenommen haben, wie es dem Verzehr nach hätte erwartet werden müssen. Kalb 383 hat ohne erkennbare Ursache dem Futterverzehr nach schlecht zugenommen; 345 kann wegen leichten Durchfalls nicht zum Vergleich herangezogen werden. Die Geburtszeiten liegen bei den Tieren ganz verschieden. 334 und 335 sind im August, 383 im April und 321 im Juni geboren. 383 und 321 sind Halbgeschwister, insofern als sie von demselben Muttertier abstammen.

Die letzte Gruppe mit 4 Tieren hat 2,61—2,68 kg Stärkewert auf 100 kg Lebendgewicht verzehrt. Die beiden erstgenannten Tiere (373 und 344) haben auch entsprechend zugenommen und das Futter gut verwertet (1,308 und 1,326 kg Stärkewert zu 1 kg Lebendgewichtszunahme). Ihre Geburtszeiten liegen im März und Oktober bei ungefähr gleichen Temperaturverhältnissen. Ob die weitgehende Gleichheit in der Futterverwertung darauf zurückzuführen ist, ist nach den vorhergehenden Beobachtungen fraglich. Das dritte Tier, Kalb 340, hatte sich in der 4. Woche vertreten und war 4 Tage lang lahm, wodurch möglicherweise die Futterverwertung verschlechtert wurde. Kalb 327 fällt stark ab, es verbrauchte zu 1 kg Lebendgewichtszunahme 1,635 kg Stärkewert, von den bisher genannten Tieren die höchste Menge. Väterlicherseits stammt es von einem amerikanischen Tier. Irgendwelche Unregelmäßigkeiten und Störungen in der Verdauung oder Entwicklung wurden sonst nicht beobachtet, jedoch besaß das Kalb als individuelle Eigenschaft ein äußerst lebhaftes Temperament, worauf letzten Endes wohl der hohe Nährstoffverbrauch zurückgeführt werden könnte.

Die erheblichen Krankheitserscheinungen bei den letzten beiden Tieren sind vor allem bei 341 in der Futterverwertung deutlich zu erkennen, das Tier verbrauchte 2,048 kg Stärkewert zu 1 kg Zunahme; Kalb 380 mit normaler Futterausnutzung kann nicht zum Vergleich herangezogen werden, da hier wegen der Erkrankung eine ganze Woche nicht mitgerechnet werden konnte.

c) *Vollmilch-Kraftfutterperiode (6. bis 10. Lebenswoche).*

Für die folgenden Perioden sind die Tabellen in der gleichen Weise aufgestellt. Tab. 9 gibt den Verzehr in der Vollmilch-Kraftfutterperiode an. Die Kraftfutter- wie die Heuaufnahme ist bei den Tieren sehr verschieden. Sie schwankt in dem ganzen Abschnitt zwischen 1,2 und 12,75 kg beim Kraftfutter, zwischen 1,2 und 6,9 kg beim Heu. Diese gewaltigen Unterschiede sind zum Teil darauf zurückzuführen, daß der Bedarf an Nährstoffen bei den leichteren Tieren absolut geringer ist und schon durch die Vollmilchmengen gedeckt wird. Bei Tieren mit gleichem Gewicht ist das Bedürfnis nach Kraftfutter bzw. Heu jedoch wiederum verschieden hoch. Im Gewicht leichtere Tiere weisen einen größeren Verzehr als schwere auf. Hierdurch wird natürlich der Verzehr auf 100 kg Lebendgewicht bei den einzelnen Kälbern un-

und Körperentwicklung bei Kälbern von der Geburt bis zur 15. Lebenswoche.

Tabelle 9. *Futterverzehr in der Vollmilch-Kraftfutterperiode (6. bis 10. Lebenswoche).*

Kalb Nr.	Voll- milch kg	Kraft- futter kg	Heu kg	Absoluter Verzehr in Summa			Verzehr auf 100 kg/Tag			Verhält- nis von Eiweiß : Stärke- wert
				Trocken- masse	Stärke- werte	verd. Eiweiß	Trok- ken- masse	Stärke- werte	verd. Eiweiß	
321	332,8	11,85	4,0	52,766	55,545	11,660	1,998	2,103	0,441	1:4,8
324	360,63	12,75	4,4	56,915	59,580	12,511	1,829	1,914	0,402	1:4,8
327	360,73	3,0	3,0	47,119	53,050	11,620	1,817	2,045	0,448	1:4,6
333	360,87	6,15	4,3	52,115	55,68	12,226	1,735	1,854	0,407	1:4,6
334	360,86	6,6	2,15	50,197	55,23	12,273	1,723	1,898	0,422	1:4,5
335	360,93	8,1	4,3	53,217	56,872	12,538	1,783	1,905	0,420	1:4,5
340	361,28	2,7	2,5	48,085	54,288	11,565	1,969	2,223	0,474	1:4,7
341	352,41	3,0	3,0	47,508	52,973	11,267	1,991	2,220	0,472	1:4,7
344	361,17	2,1	6,0	50,569	55,451	11,76	1,873	2,054	0,436	1:4,7
345	361,46	6,85	5,9	53,820	57,555	12,203	2,023	2,163	0,459	1:4,7
347	361,22	10,5	6,9	58,979	61,035	13,062	1,855	1,920	0,411	1:4,7
350	361,22	2,25	6,9	51,715	55,619	11,476	1,600	1,720	0,353	1:4,8
355	361,44	2,70	1,0	47,346	54,877	11,630	1,639	1,899	0,402	1:4,7
357	321,12	1,2	1,2	41,132	47,882	10,073	1,706	1,986	0,418	1:4,7
358	361,02	4,95	4,7	51,995	55,633	11,972	1,696	1,815	0,390	1:4,7
363	360,29	3,9	2,1	47,899	54,833	11,554	1,831	2,096	0,442	1:4,7
364	360,92	6,0	1,0	49,032	56,175	11,868	1,771	2,029	0,429	1:4,7
365	360,89	1,65	0,175	44,394	52,041	11,084	1,593	1,867	0,390	1:4,8
366	354,71	2,85	0,9	45,355	52,955	10,965	1,666	1,945	0,403	1:4,8
368	360,88	5,4	1,5	48,726	55,447	11,717	1,699	1,934	0,409	1:4,7
373	341,86	2,85	2,1	44,518	51,271	10,699	2,044	2,354	0,491	1:4,8
379	360,85	2,1	0,7	44,107	50,916	11,043	1,593	1,839	0,399	1:4,6
380	360,29	2,4	1,6	43,798	50,759	11,104	1,891	2,191	0,479	1:4,6
383	358,74	5,7	1,7	46,969	51,322	11,569	1,887	2,062	0,465	1:4,5

gleichmäßig. Die Grenzzahlen bei dem Stärkewertverzehr auf 100 kg Lebendgewicht sind 1,72 und 2,35 kg. Im ganzen ist der Verzehr selbstverständlich absolut größer geworden, je 100 kg Lebendgewicht ist er jedoch gegenüber der ersten Periode (2. bis 5. Woche) mit 2,18—2,68 kg Verzehr gefallen. Das Verhältnis von verdaulichem Eiweiß zum Stärkewert und das Eiweißverhältnis ist das gleiche geblieben wie im vorhergehenden Abschnitt.

Tab. 10 gibt wiederum eine Übersicht der Futterverwertung während der 5. bis 10. Woche bei den Einzeltieren. Die zu 1 kg Zunahme erforderliche Menge an Stärkewerten hat mit dem Wachsen und Älterwerden der Tiere allgemein zugenommen. Sie bewegt sich zwischen 1,66 und 2,054 kg gegenüber 1,273 und 1,635 kg in der ersten Periode (2. bis 5. Woche); auf 100 kg Lebendgewicht berechnet, ist die Zunahme gesunken. Kalb 350 mit dem geringsten Verzehr von 1,72 kg Stärkewert auf 100 kg Lebendgewicht hat das Futter gut verwertet. Es folgen 4 Tiere mit einem Verzehr von 1,81 bis 1,87 kg Stärkewert auf 100 kg Lebendgewicht. 365 zeigt eine sehr gute, 379 eine schlechte Verwertung, obgleich die Geburtszeiten dieser Tiere dicht nebeneinander liegen, im

Tabelle 10. *Futterverwertung in der Vollmilch-Kraftfutterperiode (6. bis 10. Lebenswoche).*

Kalb Nr.	Summe der täglichen Gewichte kg	Durchschnittl. täglich. Lebendgewicht kg	Gesamtverzehr verdaul. Eiweiß kg	Gesamtverzehr Stärkewert kg	Zunahme in der Periode kg	Zu 1 kg Zunahme erforderlich verdaul. Eiweiß kg	Zu 1 kg Zunahme erforderlich Stärkewert kg	Verzehr auf 100 kg je Tag Stärkew. kg	Zunahme auf 100 kg je Tag kg
350	3232,0	92,3	11,476	55,619	36,0	0,319	1,545	1,720	1,114
358	3066,0	87,6	11,972	55,633	36,0	0,333	1,545	1,815	1,175
379	2769,0	79,1	11,043	50,916	28,5	0,387	1,786	1,839	1,029
333	3004,0	85,8	12,226	55,680	36,0	0,340	1,547	1,854	1,199
365	2787,5	79,6	11,084	52,041	35,5	0,311	1,466	1,867	1,273
334	2910,5	83,2	12,273	55,239	33,0	0,372	1,674	1,898	1,134
335	2985,5	85,3	12,538	56,872	35,0	0,358	1,625	1,905	1,172
324	3112,5	88,9	12,511	59,580	34,0	0,368	1,752	1,914	1,092
347	3178,5	90,8	13,062	61,035	41,0	0,319	1,490	1,920	1,290
368	2867,5	81,9	11,717	55,447	34,0	0,345	1,631	1,934	1,185
366	2722,5	77,8	10,965	52,955	33,5	0,327	1,581	1,945	1,230
357	2411,5	69,0	10,073	47,882	25,0	0,403	1,915	1,986	1,035
364	2769,0	79,1	11,868	56,175	38,5	0,308	1,459	2,029	1,390
327	2593,5	74,1	11,620	53,05	32,0	0,363	1,658	2,045	1,233
344	2699,5	77,1	11,760	55,451	27,0	0,435	2,054	2,054	1,000
383	2489,5	71,1	11,569	51,322	35,0	0,331	1,466	2,062	1,406
363	2615,5	74,7	11,554	54,833	33,0	0,350	1,662	2,096	1,262
321	2641,5	75,5	11,660	55,545	35,0	0,276	1,587	2,103	1,325
345	2661,0	76,0	12,203	57,555	33,0	0,370	1,744	2,163	1,240
341	2386,5	68,2	11,267	52,973	33,0	0,341	1,605	2,220	1,383
340	2442,0	69,8	11,565	54,288	35,0	0,330	1,551	2,223	1,433
373	2178,0	62,2	10,699	51,271	33,0	0,324	1,554	2,354	1,515
355	2889,5	82,56	11,630	54,877	29,0	0,401	1,892	1,899	1,004
380	2316,5	66,2	11,104	50,759	28,0	0,397	1,813	2,191	1,209

März und April, ist deren Futterverwertung ganz verschieden; 365 braucht 1,466 kg Stärkewert zu 1 kg Lebendgewichtszunahme, 379 dagegen 1,786 kg Stärkewert. Die beiden anderen Tiere (358 und 333) sind in der Futterverwertung mit 1,54 kg Stärkewert zu 1 kg Lebendgewichtszunahme als normal anzusehen.

Die nächste Gruppe umfaßt 6 Tiere mit einem Verzehr von 1,90 bis 1,94 kg Stärkewert auf 100 kg Lebendgewicht. Wie die Zahlen zeigen, ist die Futterverwertung sehr verschieden, am besten ist sie bei 347 mit 1,49 kg Stärkewert, am schlechtesten bei 324 mit 1,75 kg Stärkewert zu 1 kg Lebendgewichtszunahme. Die erstgenannten Tiere (334 und 355) sind beide im August, die letzten (368 und 366) beide im März geboren. Bei gleichen Umweltbedingungen und gleichem Verzehr zeigt sich also auch hier verschiedene Futterverwertung, was wiederum die Annahme bestätigt, daß die durch die Geburtszeit bedingten Klima-

und Temperaturverhältnisse durchaus nicht maßgebend für Futterverwertung und Entwicklung sind. Besonders schroff ist der Unterschied bei den schon genannten besten und schlechten Futterverwertern 347 und 324. Die Geburtszeit liegt bei dem einen im November, bei dem anderen im Juni; Kalb 347 ist also unter ungünstigeren Verhältnissen, vor allem in bezug auf die Stalltemperatur, der bessere Futterverwerter.

Es folgt eine Gruppe von 7 Kälbern mit einem Verzehr von 1,99 bis 2,10 kg Stärkewerten auf 100 kg Lebendgewicht. Das Bild, welches die Zahlen zeigen, ist wieder das gleiche. Ohne daß merkliche äußere Ursachen vorhanden sind, treten erhebliche Unterschiede auf. 357 und 344 zeigen der Futteraufnahme entsprechend sehr geringe Lebendgewichtszunahmen von nur 25 und 27 kg, hingegen 364 und 383 recht gute mit 38,5 und 35 kg. Zwei Tiere, 363 und 364, mit derselben Geburtszeit im März weichen in der Futterverwertung mit einem Verbrauch von 1,66 bzw. 1,46 kg Stärkewert zu 1 kg Lebendgewichtszunahme weitgehend voneinander ab.

Die letzte Gruppe umfaßt 3 Tiere, der Verzehr auf 100 kg Lebendgewicht beträgt hier 2,16—2,22 kg Stärkewert. Die beiden letzten Kälber, 341 und 340, haben den gleichen Verzehr, 2,22 kg Stärkewert auf 100 kg Lebendgewicht, jedoch nicht die gleiche Futterverwertung (1,61 bzw. 1,55 kg Stärkewert zu 1 kg Lebendgewichtszunahme), wobei allerdings zu berücksichtigen ist, daß 341 in der vorhergehenden Periode unter Krankheit zu leiden hatte. Kalb 345 brauchte 1,74 kg Stärkewert zu 1 kg Lebendgewichtszunahme. Es folgt noch ein Kalb, 373, mit einem Verzehr von 2,354 kg Stärkewert auf 100 kg Lebendgewicht. Diesem und auch dem Lebendgewicht von nur 62,2 kg entsprechend weist es mit 33 kg eine gute Zunahme auf. Die letzten 2 Kälber fallen infolge Krankheit — bei 355 wie erwähnt, Lahmheit in den letzten 2 Wochen des Abschnitts und bei 380 Verdauungsstörungen — im Vergleich zu den übrigen Tieren mit gleichem Verzehr stark ab.

d) Magermilch-Kraftfutterperiode (11. bis 15. Lebenswoche).

Der Futterverzehr in dem letzten Abschnitt, der Magermilch-Kraftfutterperiode, ist in Tab. 11 wiedergegeben. An Vollmilch, die während der 2wöchigen Übergangszeit noch gegeben wurde, und an Magermilch gelangten bei allen Tieren die gleichen Mengen zum Verzehr. Die Zahlen für Aufnahme von Kraftfutter und Heu sind wiederum erheblichen Schwankungen unterworfen, ebenso wie in der vorhergehenden Periode. Die verzehrten Kraftfuttermengen betragen 20,7 bis 46,0 kg pro Tier, der Heuverzehr liegt zwischen 8,5 und 25,9 kg. Die Ursachen dieser Verschiedenheit sind in einem früheren Abschnitt bereits angegeben (vgl. S. 56). Die Geschmacksrichtung bei den Tieren

Tabelle 11. *Futterverzehr in der Magermilch-Kraftfutterperiode (11. bis 15. Lebenswoche).*

Kalb Nr.	Voll-milch kg	Mager-milch kg	Kraft-futter kg	Heu kg	Absoluter Verzehr i. Summa			Durchschn. Verzehr auf 100 kg/Tag			Verhältnis von Eiweiß : Stärkewert
					Trocken-masse	Stärke-werte	verd. Eiweiß	Trock.-masse	Stärke-werte	verd. Eiweiß	
321	73,15	288,28	43,2	16,5	86,097	61,971	18,622	2,200	1,568	0,471	1:3,3
324	73,15	288,72	46,05	20,8	93,831	65,64	19,470	2,126	1,487	0,441	1:3,4
327	73,14	288,24	40,5	8,0	76,423	58,19	17,760	2,028	1,545	0,471	1:3,3
333	73,27	288,35	33,9	17,4	80,646	56,06	17,288	1,914	1,329	0,410	1:3,2
334	73,29	288,33	25,2	20,25	73,628	51,545	16,015	1,860	1,302	0,405	1:3,2
335	73,28	288,30	35,4	22,0	84,364	59,09	17,800	1,973	1,382	0,416	1:3,3
340	73,29	288,40	20,7	25,9	74,929	50,723	15,425	2,054	1,391	0,423	1:3,3
341	97,98	263,40	20,7	23,2	73,073	51,705	15,381	2,083	1,474	0,438	1:3,4
344	73,25	288,49	20,1	19,7	68,912	48,610	15,346	1,936	1,364	0,431	1:3,2
345	73,27	288,41	30,9	20,2	78,872	55,372	16,837	2,067	1,451	0,441	1:3,3
347	73,26	288,37	45,0	19,9	91,211	66,245	19,874	2,045	1,486	0,446	1:3,3
350	73,26	288,37	45,75	15,5	87,950	62,300	19,372	1,924	1,363	0,424	1:3,2
355	73,27	288,42	11,1	2,6	45,358	36,575	12,941	1,235	0,996	0,353	1:2,8
357	73,22	288,38	20,7	10,2	60,518	45,447	14,863	1,813	1,365	0,446	1:3,1
358	73,23	288,04	42,0	12,9	80,614	59,191	17,832	1,864	1,369	0,412	1:3,3
363	73,16	288,28	29,1	12,2	68,871	50,472	16,478	1,871	1,371	0,448	1:3,1
364	73,16	288,19	40,8	17,1	83,429	59,280	17,663	2,054	1,459	0,435	1:3,4
365	73,16	288,29	31,5	8,5	67,885	51,060	15,904	1,699	1,278	0,398	1:3,2
366	73,14	288,29	31,8	9,1	68,682	51,448	15,976	1,793	1,343	0,417	1:3,2
368	73,20	288,30	43,2	10,4	79,548	58,624	17,778	1,961	1,445	0,437	1:3,3
373	73,23	288,40	32,4	15,5	74,881	53,252	16,597	2,207	1,615	0,503	1:3,2
379	73,17	288,48	21,6	10,3	60,798	44,774	14,779	1,640	1,208	0,399	1:3,0
380	73,22	288,49	26,4	6,7	61,782	46,542	15,272	1,888	1,438	0,467	1:3,1
383	73,14	288,47	34,5	15,6	76,683	54,695	17,060	2,108	1,504	0,469	1:3,2

ist nicht immer dieselbe, einige ziehen Heu, andere Kraftfutter vor, um das Nahrungsbedürfnis zu befriedigen.

Der absolute Verzehr an Nährstoffen ist allgemein gestiegen, besonders der Verzehr an verdaulichem Eiweiß; dies kommt auch bei den Zahlen, die den Verzehr auf 100 kg Lebendgewicht angeben, zum Ausdruck. Der Verzehr an Stärkewert auf 100 kg Lebendgewicht ist mit dem Älterwerden gesunken, er beträgt nur noch 1,208—1,615 kg gegenüber 1,72—2,35 kg in der Volmilch-Kraftfutterperiode und 2,18 bis 2,68 kg in der Vollmilchperiode. Der Verzehr an verdaulichem Eiweiß auf 100 kg Lebendgewicht ist etwa derselbe geblieben, nämlich 0,399 bis 0,503 kg gegenüber 0,355—0,491 kg im vorhergehenden Abschnitt. Infolgedessen hat sich auch das Verhältnis von verdaulichem Eiweiß zum Stärkewert geändert, es ist enger geworden (1 : 3,0—1 : 3,4). Somit hat sich auch das Eiweißverhältnis geändert, rund 1 : 2,5 gegen 1 : 3,8 in den beiden vorhergehenden Abschnitten. Der Fortfall des Milchfettes macht sich hier geltend. Die Tiere haben verhältnismäßig viel Eiweiß erhalten, es wurde gewissermaßen eine Eiweißverschwendung getrieben. Als bald nach Beendigung der letzten Periode die

und Körperentwicklung bei Kälbern von der Geburt bis zur 15. Lebenswoche.   61

Magermilch allmählich durch Wasser ersetzt wurde, blieb die Futtermischung bestehen, was dann ein Eiweißverhältnis von 1 : 4 ergab, wie es bei der Fütterung der Rinder in diesem Alter als richtig angenommen wird. Vom wirtschaftlichen und auch fütterungstechnischen Standpunkt aus ist es aber angebracht, auch für die kurze Zeit eine Änderung der Futtermischung vorzunehmen, durch Entzug eines eiweißreichen Kraftfuttermittels und Zugabe von Kohlehydraten, z. B. Maiszucker, Kartoffelflocken od. ä. Eine geringere Eiweißgabe dürfte in diesem Stadium dem Organismus im allgemeinen auch kaum schaden, vielleicht sogar zuträglicher sein, wenngleich im vorliegenden Falle die durchschnittliche Zunahme sich kaum geändert hat, wie die Tab. 3 und 4 zeigen. Sie beträgt pro Tag von der 4. bis zur 15. Lebenswoche durchgehend über 900 g. Auch beim Vergleich der gewichtsmäßigen Entwicklung mit anderen Untersuchungen läßt sich erkennen, daß diese nicht nachgelassen hat und denen anderer Herden mit kohlehydratreicher Fütterung gleichkommt.

Die Verwertung des Futters durch die einzelnen Tiere gibt Tab. 12 an. Die zu 1 kg Zunahme erforderliche Menge an Stärkewerten hat sich im allgemeinen nur wenig geändert, sie schwankt zwischen 1,480 und 2,172 kg; in der vorhergehenden Periode waren die betreffenden Werte 1,466 und 2,054 kg, in der Vollmilchperiode 1,273 und 1,635 kg. Diese Zahlen weisen darauf hin, daß mit zunehmendem Alter und Gewicht mehr Nährstoffe zu 1 kg Zunahme einschließlich der zur Erhaltung benötigten Mengen erforderlich sind, wie ja auch zu erwarten ist. Kalb 379 mit einem Verzehr von nur 1,208 kg Stärkewert auf 100 kg Lebendgewicht hat eine entsprechend geringe Zunahme mit 28 kg, ohne jedoch das Futter schlecht ausgenutzt zu haben. Die 4 folgenden Kälber zeigen erhebliche Unterschiede in der Futterverwertung. Ein niedriger Verzehr, 1,28 kg Stärkewert auf 100 kg Lebendgewicht, und dabei eine sehr gute Lebendgewichtszunahme von 34,5 kg ist bei Kalb 365 festzustellen, während bei dem Tiere 334, das bei etwa gleichem Verzehr nur 27 kg zugenommen hat, gerade das Entgegengesetzte zu sehen ist. Eine erkennbare Ursache hierfür konnte nicht festgestellt werden; abgesehen davon, daß das Kalb einen etwas ungesunden Eindruck machte und ein rauhes Fell besaß, Erscheinungen, die immerhin Anzeichen irgendwelcher Unregelmäßigkeiten im Organismus sein können. Späterhin, nach der Beobachtungszeit, war dem Tier allerdings nichts mehr anzusehen. Kalb 333 und 366 mit etwa gleichem Verzehr, 1,33 und 1,34 kg Stärkewert auf 100 kg Lebendgewicht, zeigen kaum einen Unterschied in der Futterverwertung.

Die 7 Tiere der nächsten Gruppe mit einem sehr gleichmäßigen Verzehr von 1,36—1,39 kg Stärkewert auf 100 kg Lebendgewicht sind in der Futterverwertung untereinander verschieden. Kalb 335 mit einem

Tabelle 12. *Futterverwertung in der Magermilchperiode (11. bis 15. Lebenswoche).*

Kalb Nr.	Summe der täglichen Gewichte kg	Durchschnittl. täglich. Lebendgewicht kg	Gesamtverzehr		Zunahme in der Periode kg	Zu 1 kg Zunahme erforderlich		Verzehr auf 100 kg je Tag Stärkew. kg	Zunahme auf 100 kg je Tag kg
			verdaul. Eiweiß kg	Stärkewert kg		verdaul. Eiweiß kg	Stärkewert kg		
379	3707,0	105,9	14,779	44,774	28,0	0,528	1,599	1,208	0,755
365	3996,5	114,2	15,904	51,060	34,5	0,461	1,480	1,278	0,863
334	3957,5	113,1	16,015	51,545	27,0	0,597	1,909	1,302	0,682
333	4217,5	120,5	17,288	56,06	31,0	0,557	1,808	1,329	0,735
366	3829,5	109,4	15,976	51,448	29,0	0,551	1,774	1,343	0,758
350	4569,5	130,6	19,372	62,300	38,0	0,510	1,639	1,363	0,832
344	3562,5	101,8	15,346	48,610	24,0	0,639	2,025	1,364	0,674
357	3329,0	95,1	14,863	45,447	26,0	0,572	1,748	1,365	0,781
358	4323,5	123,5	17,832	59,191	35,0	0,509	1,691	1,369	0,809
363	3680,5	105,2	16,478	50,472	28,0	0,588	1,803	1,371	0,761
335	4275,5	122,2	17,80	59,09	38,0	0,468	1,555	1,382	0,889
340	3647,5	104,2	15,425	50,327	31,5	0,490	1,610	1,391	0,864
380	3273,0	93,5	15,272	46,542	25,5	0,599	1,825	1,438	0,780
368	4057,0	115,9	17,748	58,624	30,0	0,592	1,954	1,445	0,739
345	3815,5	109,0	16,837	55,372	29,0	0,581	1,909	1,451	0,760
364	4062,5	116,1	17,663	59,280	32,5	0,543	1,824	1,459	0,800
341	3508,5	100,4	15,381	51,705	31,0	0,420	1,716	1,476	0,883
347	4459,0	127,4	19,874	66,245	30,5	0,652	2,172	1,486	0,684
324	4413,0	126,1	19,47	65,640	37,0	0,526	1,774	1,487	0,838
383	3637,0	103,9	17,060	54,695	31,0	0,550	1,764	1,504	0,853
327	3767,5	107,6	17,76	58,19	34,5	0,515	1,687	1,545	0,873
321	3953,0	113,0	18,622	61,971	36,0	0,517	1,721	1,568	0,911
373	3298,0	94,2	16,597	53,552	33,0	0,503	1,614	1,615	1,001
355	3671,5	104,9	12,941	36,575	19,0	0,681	1,925	0,996	0,517

Verbrauch von 1,555 kg Stärkewert zu 1 kg Zunahme ist in der Gruppe der beste, 344 mit einem Verbrauch von 2,025 kg Stärkewert zu 1 kg Zunahme der schlechteste Futterverwerter, die übrigen Tiere reihen sich dazwischen ein. Irgendwelche störende oder beeinflussende Momente konnten nicht beobachtet werden.

Die folgenden 7 Kälber haben 1,44—1,49 kg Stärkewert auf 100 kg Lebendgewicht verzehrt. Dem Verzehr entsprechend zeigen sie bis auf 3, Kalb 364, 341 und 324 mit 32,5, 31 und 37 kg Lebendgewichtszunahme, nur geringe Zunahmen; besonders 347, das im vorhergehenden Abschnitt das Futter sehr gut verwertet hatte, fällt hier mit dem höchsten Verbrauch von 2,172 kg Stärkewert zu 1 kg Lebendgewichtszunahme auf. Bei 380 ist die Krankheit in der Vorperiode zu berücksichtigen. Alle anderen Tiere, zu verschiedenen Jahreszeiten geboren, machten äußerlich einen gesunden und munteren Eindruck. Die letzten 4 Tiere haben dem verzehrten Futter und Lebendgewicht nach gut zugenommen

und Körperentwicklung bei Kälbern von der Geburt bis zur 15. Lebenswoche. 63

Tabelle 13. *Futterverzehr in der Gesamtuntersuchungszeit (2. bis 15. Lebenswoche).*

Kalb Nr.	Voll-milch kg	Mager-milch kg	Kraft-futter kg	Heu kg	Absoluter Verzehr in Summa			Durchschn. Verzehr auf 100 kg/Tag			Verhält-nis von Eiweiß : Stärke-wert
					Trocken-masse	Stärke-werte	verd. Eiweiß	Trock.-masse	Stärke-werte	verd. Eiweiß	
321	640,88	288,28	55,5	20,5	166,280	150,346	37,327	2,013	1,908	0,474	1:4,0
324	705,75	288,72	59,4	25,5	182,491	162,42	39,907	1,983	1,765	0,434	1:4,0
327	683,73	288,24	44,1	11,0	152,745	146,39	36,834	1,990	1,910	0,480	1:4,0
333	705,11	288,35	40,20	21,9	164,590	149,188	37,529	1,879	1,703	0,428	1:4,0
334	702,03	288,33	32,10	22,5	154,955	144,010	36,242	1,854	1,723	0,434	1:4,0
335	708,8	288,30	43,8	26,5	169,552	154,017	38,514	1,932	1,754	0,439	1:4,0
340	663,39	288,40	23,7	28,35	149,886	136,753	33,922	2,059	1,878	0,466	1:4,0
341	667,69	263,26	24,0	26,7	147,622	136,427	33,385	2,058	1,902	0,465	1:4,1
344	682,71	288,49	22,5	26,5	149,949	139,858	34,756	1,970	1,837	0,456	1:4,0
345	669,31	288,41	38,2	26,9	161,912	146,694	36,370	2,050	1,884	0,467	1:4,0
347	701,73	288,37	57,3	27,3	184,250	167,164	41,576	1,992	1,808	0,449	1:4,0
350	705,25	288,37	45,6	23,9	173,968	157,626	39,200	1,823	1,652	0,411	1:4,0
355	680,38	288,42	14,1	3,8	121,745	127,015	32,119	1,513	1,579	0,399	1:4,0
357	605,00	288,38	21,9	11,5	127,575	124,285	31,450	1,821	1,774	0,449	1:4,0
358	667,11	288,04	47,1	17,8	161,392	149,004	37,019	1,802	1,664	0,413	1:4,0
363	647,52	288,28	33,3	14,8	143,460	136,987	34,717	1,896	1,811	0,459	1:4,0
364	639,40	288,19	47,1	18,4	157,859	145,639	35,876	1,934	1,785	0,439	1:4,0
365	661,01	288,29	33,3	8,7	139,857	136,328	33,993	1,711	1,668	0,416	1:4,0
366	652,26	288,39	34,8	10,4	140,734	137,366	33,872	1,784	1,741	0,429	1:4,0
368	669,78	288,30	48,9	12,0	156,982	148,536	36,730	1,876	1,775	0,439	1:4,0
373	590,02	288,40	35,4	17,9	140,720	130,031	32,621	2,181	2,015	0,506	1:4,0
379	664,53	288,49	24,0	11,1	132,717	129,127	32,800	1,675	1,630	0,414	1:4,0
380	590,24	288,48	29,1	8,4	124,621	120,157	31,159	1,874	1,806	0,469	1:3,8
383	638,75	288,47	40,5	17,6	148,674	136,000	34,917	2,031	1,858	0,477	1:3,9

und das Futter gut verwertet. Auch Kalb 327, das Kreuzungstier, das sonst stets im Vergleich zu den übrigen Tieren zu 1 kg Lebendgewichtszunahme verhältnismäßig viel Nährstoffe verbrauchte, zeigt in dieser Periode eine gute Futterverwertung mit 1,687 kg Stärkewert zu 1 kg Lebendgewichtszunahme. Besonders das letzte Kalb, 373, zeichnet sich aus, ein nur leichtes und kleines Tier, das zu 1 kg Zunahme nur 1,614 kg Stärkewert benötigte. Kalb 355 zeigt wieder, in welcher Weise die Krankheit (Lahmheit) in das ganze Befinden, die Entwicklung und Futterverwertung eines Tieres, störend eingreifen kann.

e) Gesamtuntersuchungszeit (2. bis 15. Lebenswoche).

In Tab. 13 ist durchgehend von der 2. bis 15. Lebenswoche der Futterverzehr für die einzelnen Tiere zusammengestellt und angegeben. Um den Gesamtverzehr von der Geburt an zu erfassen, ist neben dem Vollmilchverzehr noch die Kolostralmilch mit einzubeziehen, die in Tab. 6 angeführt ist. Einschließlich dieser ergeben sich bei den Einzeltieren rund folgende Zahlen für die insgesamt verfütterte Vollmilchmenge (Tab. 14).

Tabelle 14.
Der Gesamtverzehr an Vollmilch während der Beobachtungszeit bei den Einzeltieren.

Kalb Nummer...	321	324	327	333	314	335	340	341	344	345	347	350
Kilog.-Vollmilch..	656	739	702	726	726	734	683	685	701	686	728	730
Kalb Nummer...	355	357	358	363	364	365	366	368	373	379	380	383
Kilog.-Vollmilch..	698	621	693	664	656	679	669	687	604	679	—	654

Die Mengen sind unterschiedlich infolge des Gewichts der Tiere und der individuellen Futteraufnahme in den ersten Wochen. Bei 380 ließ sich der Verzehr nicht feststellen, da erst nach der 2. Woche genaue Erhebungen angestellt werden konnten. An Magermilch haben alle Tiere die gleichen Mengen erhalten. Nur Kalb 341 erhielt versehentlich einige Kilogramm weniger, was bei der Betrachtung der Gesamtzeit von 14 Wochen aber keine Rolle spielt.

Der Kraftfutter- und Heuverzehr, der im Belieben der Tiere stand, zeigt große Unterschiede. Dies ist ebenfalls durch die oben erwähnten Einflüsse und andere schon früher erwähnte Ursachen bedingt. Es ergibt sich, daß sowohl der absolute Verzehr an Trockenmasse, Stärkewert und verdaulichem Eiweiß wie auch der auf 100 kg Lebendgewicht pro Tag berechnete Verzehr durchaus ungleichmäßig sind. Letzterer schwankt bei den Einzeltieren von 1,63—2,015 kg. Das durchschnittliche Verhältnis von verdaulichem Eiweiß zum Stärkewert beträgt 1:4, das durchschnittliche Eiweißverhältnis ist mit 1:3,2 bei allen Tieren das gleiche.

Tab. 15 zeigt das gleiche Bild wie die anderen Aufstellungen über die Futterverwertung. Zu 1 kg Zunahme sind bei den Einzeltieren im Durchschnitt der 14 Wochen 1,521—1,793 kg Stärkewert erforderlich. Bei etwa gleichem Verzehr auf 100 kg Lebendgewicht sind sowohl die absoluten Zunahmen als auch die auf 100 kg Lebendgewicht berechneten ganz verschieden voneinander. Tiere mit einem verhältnismäßig geringen Verzehr, z. B. Kalb 365, zeigen sogar bessere Zunahmen als Tiere mit einem verhältnismäßig hohen Verzehr, wie 344. Im ganzen ergibt sich, daß mit einer größeren Aufnahme an Nährstoffen auch die Lebendgewichtszunahme steigt.

Ferner ist zu beobachten, daß meist die gleichen Tiere in jeder Periode die besseren oder schlechteren Futterverwerter sind, ganz gleich, ob sie nun verhältnismäßig viel oder wenig verzehrt haben. Im übrigen erweist sich auch die Futterverwertung ebenso wie die Entwicklung der Tiere vielfach als unregelmäßig und sprunghaft.

Die 3 letzten Tiere mit erheblichen Krankheitserscheinungen kommen in der Futterverwertung im Durchschnitt der gesamten Zeit merkwürdigerweise den gesunden Tieren gleich, teils übertreffen sie sie sogar

Zusammenfassend ist festzustellen, daß erhebliche individuelle Unterschiede in der Futteraufnahme und -verwertung durch die Kälber

und Körperentwicklung bei Kälbern von der Geburt bis zur 15. Lebenswoche.

Tabelle 15. *Futterverwertung im Durchschnitt der Gesamtuntersuchungszeit (2. bis 15. Lebenswoche).*

Kalb Nr.	Summe der täglichen Gewichte kg	Durchschnittl. täglich. Lebendgewicht kg	Gesamtverzehr		Zunahme in der Zeit kg	Zu 1 kg Zunahme erforderlich		Verzehr auf 100 kg je Tag Stärkew. kg	Zunahme auf 100 kg je Tag kg
			verdaul. Eiweiß kg	Stärkewert kg		verdaul. Eiweiß kg	Stärkewert kg		
379	7921,0	80,8	32,800	129,127	81,0	0,450	1,594	1,630	1,021
350	9544,0	97,4	39,200	157,626	100,0	0,393	1,576	1,652	1,048
355	8956,5	91,4	37,019	149,004	95,0	0,390	1,568	1,664	1,060
365	8173,5	83,4	33,997	136,328	94,0	0,362	1,450	1,668	1,115
333	8759,5	89,4	37,529	149,188	95,5	0,393	1,562	1,703	1,090
334	8356,5	85,4	36,242	144,010	86,5	0,419	1,665	1,723	1,034
366	7890,5	80,5	33,872	137,366	85,0	0,398	1,616	1,741	1,077
335	8778,0	89,6	38,514	154,017	100,0	0,385	1,540	1,754	1,109
324	9392,0	93,9	39,907	162,420	95,0	0,421	1,710	1,765	1,032
357	7007,0	71,5	31,450	124,285	74,0	0,425	1,680	1,774	1,056
368	8370,5	85,4	36,730	148,536	89,0	0,413	1,669	1,775	1,063
364	8161,0	83,3	35,876	145,639	93,0	0,386	1,566	1,785	1,123
347	9248,0	94,4	41,576	167,164	97,5	0,426	1,714	1,808	1,054
363	7564,5	77,2	34,717	136,987	83,5	0,416	1,641	1,811	1,104
344	7613,0	77,7	34,756	139,858	78,0	0,446	1,793	1,837	1,025
383	7319,5	74,7	34,917	136,000	86,0	0,406	1,581	1,858	1,177
340	7280,0	74,3	33,922	136,753	88,5	0,383	1,545	1,878	1,215
345	7784,5	79,4	36,370	146,694	85,5	0,425	1,716	1,884	1,098
321	7881,0	80,4	37,327	150,346	96,5	0,387	1,558	1,908	1,223
327	7674,0	78,3	36,834	146,390	88,0	0,419	1,664	1,910	1,145
373	6453,0	65,9	32,621	130,031	85,5	0,382	1,521	2,015	1,324
341	7173,5	73,2	33,385	136,427	79,5	0,420	1,716	1,902	1,108
355	8046,5	82,1	32,119	127,015	74,0	0,434	1,716	1,579	0,919
380	6651,5	73,1	[31,159	120,157	70,5	0,442	1,704	1,806	1,060

vorhanden sind. Die Unterschiede sind insonderheit nicht durch die Umwelt, wenn es sich nicht gerade um extreme Verhältnisse handelt, sondern vielmehr durch innere Faktoren bzw. Anlagen wahrscheinlich erblicher Natur mit verschiedener Reaktionsfähigkeit auf gleiche Lebensbedingungen hervorgerufen.

Im allgemeinen fällt bei den Tieren mit zunehmendem Alter der Verzehr, auf 100 kg Lebendgewicht berechnet, dagegen steigen die zu 1 kg Zunahme erforderlichen Mengen an Stärkewert, die Futterverwertung wird schlechter.

3. Vergleich der eigenen Ergebnisse mit denen anderer Untersuchungen und Schlußfolgerungen für die Fütterung der Kälber.

Zum Vergleich wurden von den schon angeführten Arbeiten diejenigen herangezogen, welche einen solchen zuließen. Tab. 16 gibt einen Überblick über den Vollmilchverzehr und die Verwertung bei den verschiedenen Untersuchungen. Das Ergebnis von *Schmidt-Vogel*

Tabelle 16. *Futteraufnahme und -verwertung in der Vollmilchperiode (Vergleich mit anderen Untersuchungen).*

Untersuchungen	Anzahl Tiere	Altersklasse in Wochen	Durchschn. Verzehr an Milch	Durchschnittl. Zunahme (kg) (Grenzwert)	Zu 1 kg Zunahme wurden verbraucht Milch (Grenzwerte)
Schmidt-Vogel, schwb. N.-Vieh	24 ♀ Kälber	2—5	260,0 kg	29,5	8,81 kg
Günzler {Murnau-	1 ♀ Kalb	1—4	306,0 kg	19,5	15,69 kg
{Werdenfels	1 ♀ ,,	1—4	250,0 kg	17,5	14,29 kg
Kolb Simmental	1 ♀ ,,	1—6	238,0 l	12,0	19,83 l
Eigene, schwb. N.-Vieh	22 ♀ Kälber	2—5	247,5 kg	24,1 (19,5—28,5)	9,88 kg (9,0—11,6)
Kronacher u. *Kliesch*	6 Ziegenl. 5 ♂ 1 ♀	1—5	42,2 l	5,77 (4,2—6,75)	7,37 l (6,02—8,49)
Jantzon	1 ♂ Schafl.	1—4	17,33 kg	3,00	5,777 kg
Derselbe	1 ♀ ,,	1—4	17,33 kg	3,19	5,416 kg

stimmt annähernd mit dem hier vorliegenden überein. Zu 1 kg Zunahme wurden durchschnittlich verbraucht: 8,81 kg bei den erstgenannten Untersuchungen, etwas mehr, 9,88 kg (9,0—11,6), bei den eigenen. Ganz abweichende Werte liegen bei *Günzler* und *Kolb* vor; hier ist allerdings zu berücksichtigen, daß es sich nur um ganz wenige Tiere handelt (2 bzw. 1 Tier). Die Tiere von *Günzler* haben entweder zuviel Milch erhalten, oder, was wahrscheinlicher ist, die aufgenommenen Milchmengen sind nicht richtig erfaßt worden, da die Kälber saugten. Das einzelne Simmentaler Kalb (*Kolb*) zeigt eine noch schlechtere Futterverwertung, zu 1 kg Zunahme benötigt es 19,83 l Vollmilch, was wohl auf die zu geringen Milchgaben zurückzuführen ist, die das Tier zum größten Teil zur Erhaltung verbraucht. Es erhielt in den ersten 4 Tagen nach der Geburt täglich 4 l, dann bis zum Ende der 6. Woche durchschnittlich 6 l Vollmilch pro Tag ohne Zugabe von Kraftfutter oder Heu bei einem hohen Lebendgewicht. Im ganzen verzehrte es 238 l Vollmilch in den ersten 6 Wochen gegenüber im Durchschnitt etwa 330 l Vollmilch, außer Kraftfutter und Heu, die den vom Verfasser untersuchten Tieren während der gleichen Zeit verabreicht wurden. Bei ausreichender Fütterung späterhin bessert sich übrigens auch die Milchverwertung bei dem von *Kolb* untersuchten Kalbe. Auf Grund dieser Untersuchungen an dem einen Tier kommt *Kolb* zu dem Schluß, daß ,,das Tier mit zunehmendem Alter immer weniger für seine physiologischen Funktionen verbraucht". Gegenüber den anderen Untersuchungen ist dieser Schluß aber nicht zutreffend. Die Entwicklung des einen Tieres scheint unter den angeführten Umständen vielmehr eine ganz anormale gewesen zu sein, wie auch aus den Ergebnissen über die Gesamtfutterverwertung, die weitgehend von anderen Angaben abweicht, hervorgeht.

Neben Untersuchungen an Kälbern werden in Tab. 16 der Vollständigkeit halber noch solche an 2 anderen Haustieren zum Vergleich betrachtet, und zwar Untersuchungen von *Kronacher* und *Kliesch*[20] an 6 Ziegenlämmern und von *Jantzon*[15] an Schaflämmern. Die zu 1 kg Lebendgewichtszunahme erforderlichen Mengen Muttermilch zeigen bedeutend niedrigere Werte als bei den Kälbern, was auf das geringere Gewicht der Tiere, vor allem aber auf den höheren Gehalt an Nährstoffen in der Milch zurückzuführen ist.

Für die folgenden Perioden ist in Tab. 17 der Futterverzehr den von *Schmidt* und *Vogel* zusammengestellten Aufwandsmengen und

Tabelle 17. *Der Nährstoffaufwand pro Tag und 100 kg Lebendgewicht (Vergleich mit anderen Untersuchungen).*

Versuch		Altersklasse	Verzehr auf 100 kg Lebendgewicht je Tag		Verhältnis verdaul. Eiweiß: Stärkewert
			verdaul. Eiweiß kg	Stärkewert kg	
Tschechnitz	Eigene Untersuchung	2—5 Woch.	0,521 (0,460—0,567)	2,451 (2,181—2,677)	1:4,7
		6—10 „	0,428 (0,355—0,491)	2,001 (1,720—2,354)	1:4,7
		11—15 „	0,437 (0,399—0,503)	1,415 (1,208—1,615)	1:3,2
		2—15 „	0,448 (0,411—0,506)	1,794 (1,630—2,015)	1:4,0 1:4,0
Friedland		6—13 „	0,359	1,669	1:4,7
Cunnersdorf . . .		6—13 „	0,347	1,615	1:4,6
Kellner		2— 3 Mon.	0,340	1,850	1:5,4
Hansen		2— 3 „	0,330	2,100	1:6,4
Günzler		6—13 Woch.	0,565	2,473	1:4,4

Normen gegenübergestellt. Darin fallen die Zahlen von *Günzler* besonders auf, da der Verzehr im Vergleich zu den übrigen Angaben außerordentlich groß ist. Der Verzehr auf 100 kg Lebendgewicht pro Tag fällt in den eigenen Untersuchungen mit dem Alter der Tiere. Im Durchschnitt der 2. bis 15. Lebenswoche paßt sich die Stärkewertmenge der Zusammenstellung gut an, sie liegt etwas höher, da die 2. bis 5. Lebenswoche mit einbezogen ist, in der wie schon erwähnt, der Verzehr auf 100 kg Lebendgewicht größer ist. Der Verzehr an Eiweiß übersteigt die anderen angegebenen Werte infolge der Eiweißverschwendung in der Magermilchperiode. Aus demselben Grunde ist auch im Durchschnitt (2. bis 15. Woche) das Verhältnis von verdaulichem Eiweiß zum Stärkewert enger. In den Abschnitten von der 2. bis 5. Woche und der 6. bis 10. Woche ist es das gleiche wie bei den Feststellungen von *Falke* in Cunnersdorf (nach *Schmidt* und *Vogel*) und von *Schmidt* und *Vogel* in Friedland. Die Futterverwertung im Durchschnitt der 2. bis 15. Woche wird in Tab. 18 den Untersuchungen von *Schmidt* und *Vogel* bei Kälbern und denen von *Kronacher* und *Kliesch* bei Ziegen gegenübergestellt.

Die zu 1 kg Zunahme erforderlichen Mengen einschließlich des Erhaltungsbedarfs weisen verhältnismäßig nur geringe Unterschiede auf.

Tabelle 18. *Die Futterverwertung.*

Untersuchungen und Zeit in Lebenswochen	Zunahme kg	Verzehr an Stärkewert kg	Zu 1 kg Zunahme Stärkewert kg
Schmidt u. *Vogel* . . . . . 1—13	88,5	137,36	1,552
Eigene . . . . 2—15	89,32	144,179	1,616
Kronacher u. *Kliesch* Zieg. 1—12	11,66	20,6	1,767

Schlußfolgerungen für die Fütterung.

Aus den Beobachtungen ergibt sich für die Fütterung, daß eine zu geringe Nährstoffgabe unzweckmäßig ist, da diese zum Erhaltungsbedarf verbraucht wird und so zum Ansatz nicht genügend übrigbleibt, wodurch die normale Jugendentwicklung behindert wird. In den ersten Tagen nach der Geburt ist das Tränken 5—6mal täglich vorzunehmen, damit die Tiere die erforderlichen Mengen an Milch aufnehmen können. In der Vollmilchperiode ist $^1/_6$—$^1/_7$ des Lebendgewichts an Milch das richtige Maß. Als höchste Vollmilchgabe kommen für die weiblichen Zuchtkälber 10 kg in Frage, doch kann schon eine Gabe bis 8 kg Vollmilch und ein Zusatz von 2 l Magermilch genügen. Ein Optimum für den Verzehr auf 100 kg Lebendgewicht an Stärkewert und verdaulichem Eiweiß läßt sich nicht angeben, da bei den einzelnen Tieren Aufnahme wie Verwertung des Futters sehr verschieden ist. Die Zusammenstellung des Futteraufwandes bei verschiedenen Untersuchungen in Tab. 17 läßt erkennen, daß ein Verhältnis von verdaulichem Eiweiß : Stärkewert von 1 : 4,7 für das wachsende Kalb in den ersten Lebenswochen angemessen ist. Während der Magermilchperiode bei den eigenen Untersuchungen muß die Eiweißgabe vermindert werden, dafür sind Kohlehydrate zuzulegen. Die Vollmilchperiode bei den weiblichen Kälbern kann von 10 Wochen wohl um 2 Wochen verkürzt werden, so daß bei Vorhandensein von guter Magermilch ein Übergang zu dieser nach der 8. Woche beginnen kann. Allein hierdurch würden 140 kg Vollmilch weniger verfüttert werden, was eine erhebliche Ersparnis bedeutete, falls die Vollmilch zu guten Preisen abgesetzt werden kann. Der Verzehr an Kraftfutter mit einem auf Vollmilch oder Magermilch zugeschnittenen Eiweißverhältnis ist ohne Bedenken dem Belieben der jungen Tiere freizustellen; ein Überfressen ist nicht zu befürchten, da die Tiere nur ihrem Nahrungsbedürfnis entsprechende Mengen aufnehmen. Das gleiche gilt für die zu verfütternden Heumengen.

4. Verdopplungszeit.

Im folgenden werden noch einige Betrachtungen angestellt über die Verdopplungszeit und die dabei zu 1 kg Zunahme erforderlichen Mengen an Nährstoffen, ausgedrückt in Calorien zum Vergleich mit anderen Arbeiten. Die Berechnung der in der Vollmilch enthaltenen Calorien erfolgte entsprechend dem jeweiligen durch Analyse festgestellten Gehalt nach den für Vollmilch spezifischen Brennwerten.

$$\begin{aligned}
1 \text{ g verd. Eiweiß} &= 4{,}1 \text{ Cal} \\
1 \text{ g } \quad\text{,,}\quad \text{ Fett} &= 9{,}3 \quad\text{,,} \\
1 \text{ g } \quad\text{,,}\quad \text{ Milchzucker} &= 3{,}95 \quad\text{,,}
\end{aligned}$$

Für Kraftfutter und Heu wurde der Caloriengehalt durch Multiplikation des nach *Kellner* festgestellten Stärkewerts mit 4,182 ermittelt.

Tab. 19 enthält eine Aufstellung über die Verdopplungsperiode von 22 Tieren ohne wesentliche Entwicklungsstörungen. Sie sind wieder entsprechend dem Verzehr auf 100 kg Lebendgewicht aufgeführt. Der Ausgangspunkt liegt am Ende der 1. Lebenswoche, da die Erhebungen über den Futterverzehr vor dieser Zeit, wie erwähnt, nicht genau ermittelt werden konnten.

Zunächst ist festzustellen, daß die Länge der Verdopplungszeit sehr verschieden ist. Diese Unterschiede sind jedoch zum Teil auf das verschiedene Anfangsgewicht der Kälber zurückzuführen, so daß für die Wachstumsenergie eigentlich nicht viel daraus zu entnehmen ist. Einen besseren Maßstab hierfür gibt, wie auch *Kronacher* und *Kliesch*[20] ausführen, die Zeit, die während der Verdopplungszeit zur Erzeugung von 1 kg Lebendgewicht erforderlich ist. Diese Berechnung schaltet vor allem den Einfluß des Anfangsgewichtes aus. In der Tat werden auf diese Weise die teils sehr großen Unterschiede in der Verdopplungszeit erheblich ausgeglichen. Die noch verbleibenden Unterschiede dürften dann den Ausdruck der individuellen Wachstumsenergie darstellen, wie weiter unten noch ausgeführt wird.

Die Futterverwertung, dargestellt durch die in der Verdopplungszeit zu 1 kg Zunahme erforderliche Menge an Calorien, zeigt bei den Einzeltieren gleichfalls Unterschiede; es ist das gleiche Bild, das sich bei den vorhergehenden Betrachtungen der einzelnen Perioden ergab.

Weiterhin ist noch für die Einzeltiere die durchschnittliche Oberfläche während der Verdopplungszeit berechnet, nach der sich ja der Erhaltungsbedarf richtet, der hier auch für die Dauer der Verdopplungszeit dementsprechend errechnet ist. Die Berechnungen stützen sich auf die Angaben *Fingerlings*[6]. Die Oberfläche ist berechnet nach der schon erwähnten Formel (vgl. S. 53):

$$\frac{O_1}{O_2} = \frac{G_1^{\frac{2}{3}}}{G_2^{\frac{2}{3}}} \quad \text{oder} \quad \frac{O_1}{O_2} = \frac{\sqrt[3]{G_1^2}}{\sqrt[3]{G_2^2}}.$$

Tabelle 19. *Die zur Verdopplung des Anfangsgewichts verbrauchten Calorien.*

Kalb Nr.	Anfangs-gewicht kg	Verdopp-lungszeit Tage	1 kg Zunahme Tage	Durch-schnitt-liches Lebend-gewicht kg	Futterverzehr Vollmilch kg	Kraft-futter kg	Heu kg	Gesamt-calorien	Zu 1 kg Zunahme Cal.	Verzehr auf 100 kg Lebend-gewicht Cal.	Ober-fläche qm	Erhaltungs-bedarf für die Ver-dopplungs-zeit Cal.	Rest-calorien Cal.	Zu 1 kg Zunahme nach Ab-zug d. Er-halt.-Bed. Cal.
358	46,0	49	1,07	69,0	449,51	1,8	1,2	286752	6234	8481	1,51	79539	207213	4505
324	49,0	53	1,08	73,5	529,56	8,2	1,84	335329	6843	8608	1,58	90021	245308	5006
350	49,0	51	1,04	73,5	508,00	1,97	4,96	324967	6632	8669	1,58	86624	238343	4864
364	39,0	45	1,15	58,5	380,01	1,37	0,74	240845	6175	9194	1,36	65790	175055	4514
368	41,0	46	1,12	61,5	421,33	1,54	0,42	264618	6454	9354	1,40	69230	195288	4763
366	39,0	46	1,18	58,5	403,83	0,77	0,95	254697	6531	9464	1,36	67252	187445	4806
347	45,0	44	0,98	67,5	432,37	4,76	2,37	283576	6302	9548	1,49	70477	213099	4735
355	41,0	42	1,02	61,5	390,26	1,50	0,60	247216	6030	9571	1,40	63210	184006	4488
365	38,0	42	1,11	57,0	371,23	0,60	0,07	232183	6110	9690	1,33	60050	172133	4530
379	41,0	49	1,20	61,5	446,96	1,20	0,50	276830	6752	9787	1,40	73745	203085	4953
335	41,0	42	1,02	61,5	418,95	1,50	0,50	253131	6174	9800	1,40	63210	189921	4632
363	36,5	43	1,18	54,75	365,13	0,99	1,03	230864	6325	9806	1,30	60092	170772	4679
333	40,5	41	1,01	60,75	405,00	1,09	0,48	244277	6031	9807	1,35	59501	184776	4562
334	40,5	43	1,06	60,75	424,52	1,67	0,48	256307	6328	9812	1,35	62404	193903	4788
357	34,0	45	1,32	51,0	356,72	0,70	0,42	225211	6624	9813	1,24	59985	165226	4860
383	34,0	41	1,21	51,0	338,78	1,42	0,68	209224	6154	10000	1,24	54653	154571	4547
321	34,5	39	1,13	51,75	320,75	2,06	0,39	202590	5872	10039	1,25	52406	150184	4353
327	37,0	45	1,22	55,5	425,01	0,86	0,71	255515	6906	10231	1,31	63371	192144	5193
345	37,5	45	1,20	56,25	410,28	2,36	2,52	261551	6975	10322	1,32	63855	197696	5272
344	36,0	37	1,03	54,0	341,17	0,68	1,38	213869	5941	10703	1,29	51310	162559	4516
373	26,5	36	1,36	39,75	243,56	0,34	0,51	155826	5880	10888	1,05	40635	115191	4347
340	32,0	39	1,22	48,0	341,38	0,61	0,15	205276	6415	10964	1,19	49891	135385	4856

Die Oberfläche eines 70 kg schweren Tieres beträgt somit 1,53 qm. Als Erhaltungsbedarf wird für 1 qm Oberfläche die Menge von 1075 Calorien pro Tag angegeben. Im vorliegenden Falle wurde von dem Gesamtverzehr an Calorien in der Verdopplungszeit der zur Erhaltung nötige Bedarf abgezogen und dann die zu 1 kg Zunahme erforderliche Menge berechnet. Die Zahlen stehen, wie aus der Tabelle hervorgeht, bei Betrachtung der Unterschiede der bei den Einzeltieren zu 1 kg Zunahme verbrauchten Calorien ungefähr im gleichen Verhältnis wie bei der Berechnung mit den insgesamt aufgenommenen Calorien. Hieraus geht hervor, daß zum Vergleich der Futterverwertung bei Tieren in demselben Alter und Abschnitt die zu 1 kg Lebendgewichtszunahme einschließlich des Erhaltungsbedarfs erforderlichen Mengen an Nährstoffen genügen unter Berücksichtigung des Lebendgewichtes, worauf im übrigen auch schon beim Vergleich der Futterverwertung in den verschiedenen Perioden hingewiesen wurde.

Beachtenswert ist noch das Verhalten von Tieren mit gleichem Anfangsgewicht und etwa gleichem Futterverzehr.

```
Kalb  324  und  350   49 kg Anfangsgewicht
       53         51   Tage Verdopplungszeit
     6843       6632   Cal. zu 1 kg Zunahme
Kalb  379  und  335   41 kg Anfangsgewicht
       49         42   Tage Verdopplungszeit
     6752       6174   Cal zu 1 kg Zunahme
Kalb  333  und  334   40,5 kg Anfangsgewicht
       41         43   Tage Verdopplungszeit
     6031       6328   Cal zu 1 kg Zunahme
Kalb  357  und  383   34 kg, 321  34,5 kg Anfangsgewicht
       45         41              39 Tage Verdopplungszeit
     6624       6154            5872 Cal zu 1 kg Zunahme
Kalb  327  und  345   37 und 37,5 kg Anfangsgewicht
       45         45   Tage Verdopplungszeit
     6906       6975   Cal zu 1 kg Zunahme
```

Die Unterschiede der Zahlen in den einzelnen Gruppen, die neben gleichem Anfangsgewicht teilweise auch noch gleiche Geburtszeit aufzuweisen haben, zeigen deutlich, daß sowohl die Verdopplungszeit wie der Nahrungs- bzw. Calorienbedarf zu 1 kg Lebendgewichtszunahme, also die Wachstumsintensität eine individuelle Eigenschaft darstellt.

Der Vergleich der eigenen Ergebnisse mit denen aus anderen Untersuchungen ergibt folgendes.

Im Durchschnitt der 22 Tiere wurden zu 1 kg Zunahme einschließlich des Erhaltungsbedarfs 6349 Calorien verbraucht. Nach *Rubner* sollen beim Rind nur 4243 Calorien nötig sein. Diese Zahl ist jedoch bereits nach *Jantzon*[15] kritisch zu betrachten, da auch in anderen Untersuchungen abweichende Resultate gefunden wurden. Die von

Günzler beobachteten beiden weiblichen Kälber verbrauchten in der Verdopplungszeit von 50 und 55 Tagen sogar 9274 bzw. 9789 Calorien. *Kolb* gibt für das Simmentaler Kalb 87 Tage Verdopplungszeit und für 1 kg Zunahme 8328 Calorien an. Auf die Ursachen dieser erheblichen Unterschiede braucht hier nicht mehr näher eingegangen zu werden. Bei den von *Kronacher* und *Kliesch* untersuchten 6 Ziegenlämmern errechnet sich im Durchschnitt während der Verdopplungszeit ein Verbrauch von 5339 Calorien (4257—7021 Calorien) zu 1 kg Zunahme. *Jantzon*[15] fand bei 2 Schaflämmern nach den ersten 20 Lebenstagen (nicht Verdopplungszeit) den entsprechenden Wert von 6834 Calorien, bei 2 anderen Schaflämmern nach den ersten 28 Lebenstagen (ungefähr Verdopplungszeit) 5430 Calorien. Diese Angaben stehen mit den eigenen Ergebnissen bei Kälbern noch am besten im Einklang; trotzdem es sich dort um Schafe und Ziegen handelt, die ja ein bedeutend geringeres Lebendgewicht und damit einen absolut geringeren Erhaltungsbedarf aufzuweisen haben.

5. Die Entwicklung der Körpermaße.

In Tab. 20 sind von 21 gesunden weiblichen Kälbern in Abständen von 2 Wochen die durchschnittlichen absoluten Maße sowie die Schwankungsgrenzen angeführt.

Tabelle 20. *Absolute Körpermaße in Zentimeter (Durchschnittswerte und Schwankungen)*.

Woche	Widerristhöhe	Rückenhöhe	Kreuzbeinhöhe	Brustbreite	Hüftbreite	Umdreherbreite	Rumpflänge	Brusttiefe	Brustumfang	Röhrbeinumfang
Geburt	71,4 64—78	72,6 65—79,5	76,2 70—82	15,9 14—18,5	16,6 14,5—19	20,6 18—22	68,2 60—75	27,2 25—30	76,6 67—87	10,5 9,5—11,5
2	73,4 68—79	75,0 68—80	78,1 70—84	17,0 14,5—19	17,8 15—20	22,0 20—24	71,5 67,0—77	29,2 26,5—32	82,0 72—89	10,7 9,5—11,5
4	76,4 71—81	78,4 72—83	81,7 75—87	18,5 16,5—20	19,4 17—21	24,2 21—26	75,5 70—80	31,7 29—34,5	88,6 81—96	11,25 10—12,5
6	79,8 75—83	81,5 75—86	85,4 80—90	20,2 18—22	21,1 19,5—23	26,2 24—28	81,3 76—87	34,0 31—37,5	94,0 86—102	11,7 11—13
8	82,6 78—86	85,0 81—89	88,8 84—93	21,6 20—23	22,4 20—24,5	27,7 25,5—29	85,5 78—94	35,9 32—39	100,3 91—110	12,2 11—134
10	85,6 81—89	88,9 85—92	92,2 88—97	22,9 21—24	24,0 22—26	29,5 28—31	89,7 83—99	37,7 35—41	105,5 98—113	12,7 11,5—14
12	88,4 81—93	91,7 86—96	95,5 88,5—101	24,2 22—27,5	25,3 23—27	30,6 28—33	93,7 85—100	39,0 35—42	109,7 102—114	13,1 12—14
14	90,8 84—95	94,2 88—98,5	97,6 92—103	25,5 24—29	26,5 25—28	31,4 29—33	98,1 94—104	40,9 38—43,5	113,3 106—118	13,5 12,5—14

Die Körperproportionen und ihre Veränderungen mit zunehmendem Alter zeigt Tab. 21, in der die Körpermaße in Prozenten der zugehörigen Widerristhöhe berechnet sind.

und Körperentwicklung bei Kälbern von der Geburt bis zur 15. Lebenswoche.

Die Widerristhöhe steigt ziemlich gleichmäßig von 71,4 cm bei der Geburt auf 90,8 cm nach 14 Wochen. Die Rückenhöhe ist anfangs nur ein wenig höher, nach der 14. Woche ist sie prozentual mehr gestiegen, was auf die nach der Geburt noch allgemeine Schwäche und damit auch schwache Rückenentwicklung zurückzuführen ist. Die Kreuzhöhe, die ein Überbautsein der jungen Tiere erkennen läßt, bleibt etwa im gleichen Verhältnis.

Die Breitenmaße in der ansteigenden Reihenfolge: Brust-, Hüft- und Umdreherbreite, ferner Rumpflänge, Brusttiefe und entsprechend Brustumfang zeigen eine intensivere Zunahme als die Widerristhöhe, was aus den ansteigenden relativen Maßzahlen hervorgeht. Der Röhrbeinumfang erfährt im Verhältnis kaum eine Änderung.

In der folgenden Tab. 22 sind, wie bei Betrachtung der gewichtsmäßigen Entwicklung, die Zunahmen der Körpermaße am Ende einzelner Abschnitte in Prozenten des Anfangsmaßes ausgedrückt.

Die Schwankungen bei den Einzeltieren sind sehr erheblich. Sowohl die Zunahmen in Prozenten des Geburtsmaßes (Tab. 22) als auch die Körpermaße in Prozent der Widerristhöhe (Tab. 21) ergeben in Übereinstimmung mit anderen Ergebnissen, daß die Breite die stärkste, die Höhe die geringste Wachstumsintensität zeigt, während die Länge sich zwischen beiden hält.

Zum Vergleich verschiedener Körpermessungen an weiblichen Tieren sind in Tab. 23 und 24 die Ergebnisse anderer Arbeiten zusammengefaßt und untereinander sowie den eigenen gegenübergestellt. In Tab. 23 sind für die

Tabelle 21. *Körpermaße in Prozenten der Widerristhöhe (Durchschnittswerte und Schwankungen).*

Woche	Widerristhöhe	Rückenhöhe	Kreuzbeinhöhe	Brustbreite	Hüftbreite	Umdreherbreite	Rumpflänge	Brusttiefe	Brustumfang	Röhrbeinumfang
Geburt	100	101,7 98,5–104,2	106,7 100,0–109,4	22,3 20,3–24,6	23,2 21,2–25,3	28,8 27,1–33,0	95,5 90,0–107,2	38,1 35,4–42,0	107,3 101,4–114,1	14,7 13,5–15,7
4	100	102,6 100,0–105,3	106,9 103,9–109,2	24,2 22,2–26,4	25,4 23,7–26,4	31,7 30,1–34,2	98,8 90,5–102,7	41,5 39,5–44,7	116,0 108,0–123,4	14,7 14,0–15,8
10	100	104,6 100,0–107,1	108,5 105,3–109,5	26,9 25,3–28,1	28,2 25,8–29,8	34,7 31,4–36,6	105,5 98,3–111,2	44,4 39,3–46,1	124,1 112,3–128,4	14,9 13,5–15,9
14	100	103,7 101,1–107,3	107,5 104,3–111,9	28,2 25,9–29,7	29,2 28,1–30,8	34,6 31,6–36,7	108,0 101,0–111,9	45,0 43,1–46,6	124,8 115,8–131,1	14,9 13,2–15,7

Tabelle 22. *Zunahme der Körpermaße in Prozenten des Geburtsmaßes (Durchschnittswerte und Schwankungen).*

Woche	Widerristhöhe	Rückenhöhe	Kreuzbeinhöhe	Brustbreite	Hüftbreite	Umdreherbreite	Rumpflänge	Brusttiefe	Brustumfang	Röhrbeinumfang
4	7,0 2,6—10,9	8,0 4,1—16,2	7,2 5,2—12,7	16,3 5,4—21,4	16,9 10,5—22,6	17,5 11,9—25,0	10,7 1,4—18,4	16,5 9,5—23,5	15,7 4,9—22,3	7,1 4,3—10,0
10	19,9 12,8—23,6	22,5 15,7—30,8	21,8 17,2—28,6	44,0 29,2—60,0	44,6 33,3—54,8	43,2 31,8—55,5	31,5 23,0—45,9	38,6 30,0—49,0	37,7 22,2—49,2	21,0 13,0—30,0
14	27,2 21,8—31,2	29,7 20,8—35,4	28,1 23,2—39,7	61,0 44,4—78,6	59,6 47,4—72,4	52,4 43,5—61,1	43,8 33,8—59,0	50,4 41,7—60,8	47,9 33,3—64,3	28,6 21,8—40,0

Zeit nach der Geburt, nach der 4. und nach der 12. Lebenswoche die durchschnittlichen absoluten Körpermaße in Zentimeter angegeben.

Im allgemeinen zeigen die Zahlen in den einzelnen Abschnitten eine gute Übereinstimmung. Bei den 7 Herden mit schwarzbuntem Niederungsvieh liegen die Messungsergebnisse von *Hansen* an ostpreußischen Tieren durchweg niedriger als die der übrigen. Die Maße von *Feuersänger* haben eigentümlicherweise stets bei der Rumpflänge, dem Brustumfang und besonders der Brusttiefe geringere Werte, während alle anderen Maße denen der übrigen Erhebungen annähernd gleichkommen.

Vopelius hat an württembergischem Fleckvieh bei der Länge, Höhe und Tiefe größere Maße festgestellt, als sie die Niederungstiere aufweisen, bei den Breitenmaßen zeigen sich jedoch keine Unterschiede. Die Messungen *Wagners* an Lahnvieh nach der 12. Lebenswoche ergeben sämtlich niedrigere Werte als die Messungen an schwarzbuntem Niederungsvieh. Es sind also deutlich Rassenunterschiede in den Körpermaßen bzw. deren Entwicklung vorhanden. Die Messungen von *Günzler*, der ja leider nur 2 weibliche Tiere berücksichtigt, sind kaum zu einem Vergleich geeignet.

Das gleiche zeigt sich bei den in Prozenten der Widerristhöhe ausgedrückten Maßen (Tab. 24), die zugleich die Veränderungen bzw. die Verschiebungen der einzelnen Maße gegenüber der Widerristhöhe erkennen lassen. Diese Veränderungen der Körperproportionen ist bei allen Untersuchungen ziemlich gleichmäßig. Im einzelnen ist die Wachstumsintensität in den ersten 12 Wochen am größten bei den Breitenmaßen sowie der Rumpflänge und der Widerristhöhe. Nur die Messungen von *Feuersänger* und *Hansen* weichen hiervon ab, insofern als bei den dort unter-

Tabelle 23. *Vergleich verschiedener Körpermessungen (absolute Maße an weiblichen Tieren) in Zentimeter.*

Untersuchungen	Widerristhöhe	Rückenhöhe	Kreuzbeinhöhe	Brustbreite	Hüftbreite	Umdreherbreite	Rumpflänge	Brusttiefe	Brustumfang	Röhrbeinumfang
Geburt.										
Dalchau, schwb. Ndr.-Vieh ...	73,4	74,2	77,6	—	18,4	20,4	66,4	27,3	78,5	10,9
Feuersänger, desgl..	74,2	75,5	77,8	17,7	17,1	20,8	63,7	23,2	77,0	10,6
Brzitwa I., „ (Malkwitz)	73,6	75,0	78,5	17,1	16,6	21,5	65,3	27,8	78,4	11,1
Brzitwa II., „ (Lorzendorf)	73,9	75,3	79,0	17,5	17,0	21,7	67,1	27,5	80,1	11,8
Schmidt-Vogel, „	70,4	—	76,5	16,3	—	20,2	66,3	27,9	77,4	11,1
Eigene, „	71,4	72,6	76,2	15,9	16,6	20,6	68,2	27,2	76,6	10,5
Günzler, Murnau-Werdenfelser ..	60,0	—	—	13,8	13,2	18,3	60,5	26,5	74,4	—
4. Lebenswoche.										
Dalchau......	78,8	80,2	82,9	—	21,0	24,0	76,6	31,9	89,3	11,6
Feuersänger	79,9	81,2	84,7	21,7	20,5	25,2	72,9	25,5	88,4	11,6
Brzitwa I.	79,8	81,3	85,9	20,8	19,9	25,7	76,8	32,2	91,8	12,3
Brzitwa II.	81,8	82,7	87,6	21,8	20,6	25,7	79,0	33,0	94,0	12,4
Schmidt-Vogel ...	77,2	—	83,3	19,1	—	24,6	76,5	31,4	88,9	12,0
Eigene	76,4	78,4	81,7	18,5	19,4	24,2	75,5	31,7	88,6	11,2
Hansen, schwarzw. ostpr. Tiefl.-R. .	75,2	76,3	79,9	17,6	19,7	23,0	65,1	29,8	79,7	11,4
Günzler	78,5	—	—	18,0	18,5	21,0	80,0	30,0	84,0	—
Vopelius, Fleckvieh	87,0	—	—	20,5	—	25,1	81,5	35,1	—	—
12. Lebenswoche.										
Dalchau......	87,3	89,3	92,1	—	26,1	29,4	90,7	38,4	105,2	13,1
Feuersänger	88,1	90,2	94,0	26,1	23,8	30,4	85,7	29,6	101,1	12,1
Brzitwa I.	89,4	91,3	95,3	24,6	24,3	30,1	92,9	38,2	105,5	13,0
Brzitwa II.	89,6	90,7	94,4	24,9	24,7	29,8	91,6	37,9	105,4	13,1
Schmidt-Vogel ...	90,2	—	97,8	24,6	—	31,3	94,2	38,9	108,8	13,3
Eigene	88,4	91,7	95,5	24,2	25,3	30,6	93,7	39,0	109,7	13,1
Hansen	85,9	87,8	90,1	22,1	24,6	28,0	77,2	36,5	98,2	12,5
Günzler	83,5	—	—	22,0	22,0	24,5	88,5	38,2	101,0	—
Vopelius	98,2	—	—	24,7	—	30,1	97,6	41,7	—	—
Wagner, Lahnvieh .	87,3	88,8	92,2	22,7	21,9	25,1	87,8	37,7	97,5	11,5

suchten schwarzbunten Tieren im Gegensatz zu den übrigen auch noch in der 12. Woche die Rumpflänge von der Widerristhöhe übertroffen wird. Auch das Fleckvieh, das aber an und für sich bereits höhergestellt ist, zeigt ein solches Verhältnis von Rumpflänge zu Widerristhöhe, wenn auch in geringerem Maße.

Tabelle 24. *Vergleich verschiedener Körpermessungen (Maße in Prozenten der Widerristhöhe an weiblichen Tieren).*

Untersuchungen	Widerristhöhe	Rückenhöhe	Kreuzbeinhöhe	Brustbreite	Hüftbreite	Umdreherbreite	Rumpflänge	Brusttiefe	Brustumfang	Röhrbeinumfang
Geburt.										
Dalchau	100	101,1	105,7	—	25,1	27,8	90,5	37,2	106,9	14,8
Feuersänger. . .	100	101,7	104,8	23,8	23,0	28,0	85,8	31,3	103,8	14,3
Brzitwa I. . . .	100	101,9	106,7	23,2	22,5	28,9	88,7	37,8	106,4	15,1
Brzitwa II. . .	100	102,0	106,8	23,7	23,0	29,4	90,8	37,2	108,3	16,0
Schmidt-Vogel. .	100	—	108,6	23,2	—	28,6	94,2	39,6	109,9	15,8
Eigene.	100	101,7	106,7	22,3	23,2	28,8	95,5	38,1	107,3	14,7
Günzler	100	—	—	23,0	22,0	30,5	100,8	44,2	123,3	—
12. Lebenswoche.										
Dalchau	100	102,3	105,5	—	29,9	33,8	103,9	44,0	120,5	15,0
Feuersänger. . .	100	102,4	106,7	29,6	27,0	34,5	97,3	33,6	114,8	13,7
Brzitwa I. . . .	100	102,1	106,6	27,5	27,2	33,7	103,9	42,7	118,0	14,6
Brzitwa II. . .	100	101,2	105,3	27,8	27,6	33,3	102,2	42,3	117,7	14,6
Schmidt-Vogel. .	100	—	108,4	27,3	—	34,6	104,5	43,1	120,6	15,1
Eigene.	100	103,7	108,8	27,4	28,6	34,6	106,6	44,1	124,1	14,8
Hansen	100	102,2	104,5	25,6	28,5	32,6	89,5	42,4	115,4	14,5
Günzler	100	—	—	26,3	26,3	29,3	106,0	45,7	121,0	—
Vopelius	100	—	—	25,2	—	30,6	99,3	42,5	—	—
Wagner	100	101,7	105,6	26,0	25,1	28,7	100,6	42,9	111,7	13,1

6. Die Futterverwertung im Zusammenhang mit der Entwicklung der Gewichte und Maße.

Es soll nun noch versucht werden, die Futterverwertung dem Lebendgewicht und den Körpermaßen gegenüberzustellen. Große Schwierigkeiten bereiten dabei einmal das verschiedene Lebendgewicht, zum anderen die unterschiedliche Futteraufnahme der einzelnen Tiere.

Eine Zusammenstellung der Futterverwertung, der Gewichte und Maße für Höhe, Breite, Länge und Tiefe mit ihrer Entwicklung in der Beobachtungszeit ist in Tab. 25 vorgenommen. Die Tiere sind nach dem durchschnittlichen Verzehr auf 100 kg Lebendgewicht pro Tag während der Untersuchungszeit geordnet. Als Maß für die Futterverwertung gelten die zu 1 kg Zunahme erforderlichen Mengen an Stärkewert. Anfangsgewicht und -maße sind in absoluten Zahlen angegeben. Die Entwicklung derselben ist durch die Zunahme nach 15 Wochen in Prozenten des Geburtsgewichtes bzw. durch die Zunahmen nach 14 Wochen in Prozenten des Geburtsmaßes veranschaulicht.

Zuerst sollen einige Tiere mit etwa gleichem Verzehr und gleichem Geburtsgewicht betrachtet werden: Kalb 368 und 364 mit einem Geburtsgewicht von 39 kg und einem Verzehr von 1,775 und 1,785 kg Stärkewert auf 100 kg Lebendgewicht pro Tag.

und Körperentwicklung bei Kälbern von der Geburt bis zur 15. Lebenswoche.

Tabelle 25.
Zusammenstellung der Futterverwertung und Entwicklung der Maße und Gewichte.

Kalb Nr.	Durchschnittlicher Verzehr auf 100 kg Lebendgewicht Stärkewert	Zu 1 kg Zunahme erforderlich kg Stärkewert	Geburtsgewicht kg	Zunahme nach 15 Woch. in % d. Geburtsgew.	Widerristhöhe nach der Geburt cm	Zunahme nach 14 Woch. in % d. Geb.-Maßes	Brustbreite n. d. Geburt cm	Zunahme nach 14 Woch. in % d. Geb.-Maßes	Rumpflänge n. d. Geburt cm	Zunahme nach 14 Woch. in % d. Geb.-Maßes	Brusttiefe n. d. Geburt cm	Zunahme nach 14 Woch. in % d. Geb.-Maßes
379	1,630	1,594	41,0	197,6	73,0	22,0	18,5	56,8	65,5	48,1	28,5	42,1
350	1,652	1,576	49,0	204,1	75,0	26,0	16,5	60,6	72,5	43,4	31,5	38,1
358	1,664	1,568	45,0	213,3	74,0	25,0	17,0	58,8	70,0	42,9	30,0	41,7
365	1,668	1,450	37,0	256,8	71,0	26,8	17,0	58,8	71,0	33,8	30,0	41,7
333	1,703	1,562	39,0	248,7	71,0	26,8	16,5	57,6	70,0	41,4	27,5	47,3
334	1,723	1,665	38,0	234,2	72,0	28,5	16,0	50,0	67,0	46,3	25,5	60,8
366	1,741	1,616	39,0	217,9	72,0	22,9	16,5	57,6	69,0	34,8	26,0	55,8
335	1,754	1,540	37,0	281,1	73,0	26,0	15,5	61,3	67,0	46,3	26,0	59,6
324	1,765	1,710	47,0	206,4	78,0	21,8	16,0	56,3	73,0	38,3	29,5	44,1
357	1,774	1,680	35,0	208,6	68,0	29,4	15,0	60,0	65,0	47,7	26,0	57,7
368	1,775	1,669	39,0	233,3	73,0	26,7	15,0	73,3	71,0	38,0	28,5	47,4
364	1,785	1,566	39,0	238,5	71,0	28,2	16,0	68,8	69,0	39,1	26,0	53,8
347	1,808	1,714	44,0	223,9	72,0	31,2	15,0	66,6	69,0	49,3	29,0	43,1
363	1,811	1,641	38,0	215,8	71,0	25,3	16,0	59,4	67,0	47,8	27,5	41,8
344	1,837	1,793	35,0	225,7	69,0	29,0	17,0	44,4	74,0	36,5	28,5	38,6
383	1,858	1,581	35,0	242,9	71,0	26,8	14,5	78,6	69,0	37,7	26,0	59,6
340	1,878	1,545	29,0	315,5	69,0	29,0	14,0	75,0	61,0	59,0	25,0	56,0
345	1,884	1,716	37,0	232,4	70,0	28,6	15,0	73,3	66,0	51,5	25,0	56,0
321	1,908	1,558	35,0	274,3	70,0	28,6	15,0	73,3	67,0	51,5	25,5	58,8
327	1,910	1,664	38,0	228,9	73,0	30,1	15,5	61,3	69,0	39,1	26,5	58,5
373	2,015	1,521	26,0	330,8	64,0	31,2	14,0	71,4	60,0	56,7	25,0	52,0
Durchschn.		1,616	38,2	235,9	71,4	27,2	15,9	61,0	68,2	43,8	27,2	50,4

Bei 368 beträgt die zu 1 kg Zunahme erforderliche Menge Stärkewert 1,669 kg, bei 364 dagegen 1,566 kg. Die Zunahme weist entsprechende Werte auf: rund 233,3% bei 368 gegenüber 238,5% bei 364. Wie nicht anders zu erwarten, ist mit der besseren Futterverwertung auch die bessere Zunahme verbunden. Das gleiche zeigen die Kälber 344 und 383 mit einem Geburtsgewicht von 35 kg und einem Verzehr von 1,837 bzw. 1,858 kg Stärkewert auf 100 kg Lebendgewicht. Kalb 344 verbraucht zu 1 kg Lebendgewichtszunahme 1,793 kg Stärkewert und vermehrt das Geburtsgewicht um 225,7%, für 383 betragen die Werte 1,581 kg Stärkewert und 242,9% Zunahme.

Bei verschiedenem Geburtsgewicht wäre anzunehmen, daß bei durchschnittlich gleichem Verzehr auf 100 kg Lebendgewicht mit dem leichteren Gewicht eine bessere Futterverwertung und damit auch eine prozentual bessere Zunahme verbunden wäre, da die leichten Tiere absolut weniger Nährstoffe zur Erhaltung verbrauchen. Dies ist jedoch nicht immer der Fall, wenngleich die Tendenz dazu vorhanden zu sein scheint. Mit der theoretischen Annahme stimmen überein die Tiere

365, 333, 335, 364, 383, 340, 321 und 373. Es könnte darin das Bestreben erblickt werden, das niedrige Geburtsgewicht, das vielleicht durch geringe Wachstumsintensität während des intrauterinen Lebens bedingt worden ist, im extrauterinen Leben durch vermehrte Wachstumsintensität auszugleichen. Das Gegenteil der Annahme zeigen die Tiere 379, 334, 357, 344, 345, bei denen Futterverwertung wie prozentuale Zunahme geringer ist als bei den Tieren mit höherem Geburtsgewicht und gleicher Futteraufnahme.

Im ganzen läßt sich erkennen, daß das Geburts- bzw. Lebendgewicht nur begrenzt maßgebend ist für Futterverwertung und Gewichtsentwicklung infolge des verschiedenen Erhaltungsbedarfs der Tiere. Fütterung und Haltung könnten entschieden einen Einfluß ausüben, doch sind diese Punkte im vorliegenden Fall bei den einzelnen Tieren ja soweit wie möglich gleichmäßig gestaltet.

Die Körpergewichte und die Zunahmen derselben, ausgedrückt in Prozenten des Anfangsmaßes, lassen weder mit der Futterverwertung noch mit der gewichtsmäßigen Entwicklung irgendwelche gleichmäßigen Zusammenhänge erkennen. Mit der Zunahme des Körpergewichts nehmen zwar Widerristhöhe, Rumpflänge, Brustbreite, Brusttiefe und Knochendicke zu, jedoch im einzelnen bei den verschiedenen Tieren in ganz verschiedener und scheinbar unregelmäßiger Weise. Das Gewicht wird ja nicht nur von den Ausmaßen des Skelets bestimmt, sondern auch vom Ansatz, der Fleischbildung oder Fetteinlagerung, und der Ausbildung der inneren Organe, die nicht unbedingt mit einer Erweiterung des Knochengerüstes verbunden zu sein braucht. In Anbetracht dessen ist aus den Maßen und ihrer Entwicklung auch kein Schluß auf die Futterverwertung zu ziehen, denn die Verwendungsmöglichkeit und tatsächliche Verwendung der Nährstoffe ist bei den einzelnen Tieren eine ganz verschiedene.

Die Werte für die Zunahme der Maße sind sehr schwankend und, wie schon früher angegeben, sprunghaft und ohne feststehende Gesetzmäßigkeit. Tiere mit einer schlechten Futterverwertung zeigen zum Teil hohe Zunahmen bei den Körpermaßen, bei ihnen hat das Knochenwachstum im Vordergrund gestanden, während die Fleischbildung und der Fettansatz, der an sich in der Jugendentwicklung nur gering ist, zurücktreten. Dieser Umstand kann sich aber im Laufe der Jugendentwicklung ändern, wie auch *Zorn*[29] darlegt. Weitere Beobachtungen an einigen der untersuchten Tiere können vielleicht späterhin über den Verlauf der Entwicklung und die Leistungen der Tiere Aufschlüsse geben.

Andere Kälber wiederum zeigen schlechte Futterverwertung und schlechte Zunahmen in den Maßen. Bei diesen ist sowohl die Wachstumsintensität gering als auch während der Beobachtungszeit nicht die

und Körperentwicklung bei Kälbern von der Geburt bis zur 15. Lebenswoche. 79

Fähigkeit vorhanden, das Futter zur Produktion von Körpersubstanz zu verwenden.

Über den Zuchtwert dieser Tiere läßt sich danach aber noch kein Urteil fällen, nur ein Ausmerzen von jungen Tieren auf Grund der Entwicklung und Futterverwertung im ersten Jugendstadium ist daher, jedenfalls vorläufig, noch nicht angängig, da man aus solchen Feststellungen noch nichts über die Leistungen während des übrigen Lebens aussagen kann. Das eine aber ergibt sich aus den vorstehenden Untersuchungen als sicher, daß Futterverwertung und Entwicklung der Kälber weitgehend individuelle Eigenschaften darstellen.

Zusammenfassung.

Bei 24 weiblichen Kälbern des schwarzbunten Niederungsviehs aus der Herde der Preußischen Versuchs- und Forschungsanstalt für Tierzucht in Tschechnitz wird in der Zeit von der Geburt bis zur 15. Lebenswoche neben der Entwicklung des Gewichts und der Maße insbesondere die Futterverwertung bei den Einzeltieren beobachtet. Alle äußeren Faktoren wurden nach Möglichkeit gleichgestaltet, etwaige Abweichungen wurden berücksichtigt. Die Ernährung hat bei allen Tieren die gleiche Grundlage, jedoch ließ sich die dem Lebendgewicht entsprechende Futteraufnahme nicht bei allen Tieren auf dieselbe Höhe bringen infolge verschiedenen Aufnahmebedarfs oder -vermögens; der Verzehr auf 100 kg Lebendgewicht pro Tag im Durchschnitt der 2. bis 15. Woche schwankt zwischen 1,63—2,015 kg Stärkewert.

1. Die durchschnittliche Entwicklung des Lebendgewichts und der Körpermaße bei 21 Tieren stimmt mit anderen Ergebnissen weitgehend überein. Das durchschnittliche Geburtsgewicht beträgt 38,2 kg, die durchschnittliche Zunahme pro Tag 858 g. Die Kurven für die Entwicklung zeigen einen ziemlich gleichmäßigen Anstieg, abgesehen von der Kurve für die Rumpflänge. Für die Wachstumsintensität der Körpermaße gilt ansteigend die Reihenfolge: Brustbreite, Rumpflänge, Widerristhöhe. Die Körperproportionen erfahren mit zunehmendem Alter eine Änderung insofern, als die Länge nach der 12. Woche die Höhe überholt und die Breite prozentual zur Widerristhöhe und zu den Geburtsmaßen mehr zunimmt. Bei dem Einzeltier ist die Entwicklung von Gewichten und Maßen nicht so regelmäßig, sondern mehr sprunghaft. Es treten hierbei unter gleichen Lebensbedingungen individuelle Unterschiede zutage.

2. Die Futterverwertung bei den einzelnen Tieren ist in den einzelnen Perioden verschieden. Zu 1 kg Lebendgewichtszunahme sind erforderlich:

in der 2. bis 5. Woche 1,273—1,635 kg Stärkewert
,, ,, 6. ,, 10. ,, 1,466—2,054 kg ,,
,, ,, 11. ,, 15. ,, 1,480—2,172 kg ,,
im Durchschn. ,, 2. ,, 15. ,, 1,521—1,793 kg ,,

Im Durchschnitt aller Tiere während der Beobachtungszeit sind 1,616 kg Stärkewert zu 1 kg Lebendgewichtszunahme verbraucht worden. Die Unterschiede sind nur in ganz geringem Maß auf äußere Faktoren, wie Witterung, Stalltemperatur, Jahreszeit der Geburt usw., zurückzuführen, vielmehr in der Hauptsache durch innere Anlagen wahrscheinlich erblicher Natur bedingt.

3. Für die Haltung und Fütterung der Kälber ergeben sich mehrere Hinweise. In der 1. Lebenswoche ist besonders sorgfältig und oft genug zu tränken, so daß im Durchschnitt der 1. Woche pro Tag 4,5 l Vollmilch erreicht werden. Die Tiere sollen bei der Aufzucht nicht verweichlicht werden, sie sind aber vor plötzlichem starken Temperatur- und Witterungswechsel, besonders in den ersten Wochen, zu schützen, um Verdauungsstörungen (durch Erkältung oder andere Krankheitserscheinungen) zu verhüten. Der Vollmilchentzug kann bei Vorhandensein von Magermilch schon allmählich mit der 8. Woche beginnen. Bei der Magermilchfütterung ist die Kraftfuttergabe reicher an Kohlehydraten zu gestalten. Das Eiweißverhältnis in vorliegenden Untersuchungen ist bei Magermilchfütterung mit 1 : 2,5 zu eng, während in dem Alter von 11—15 Wochen etwa der Zusammensetzung der Milch entsprechend ein Eiweißverhältnis von 1 : 4,5 angemessen ist.

4. Die Verdopplungszeit beträgt im Durchschnitt 49,7 Tage. Sie schwankt zwischen 39—58 Tagen und ist abhängig vom Geburtsgewicht und auch individueller Veranlagung. Bei der Verdopplung wurden zu 1 kg Zunahme durchschnittlich 6349 Calorien verbraucht. Die Schwankungen bei den Einzeltieren sind in gleichem Maß wie bei der Futterverwertung vorhanden, bedingt in der Hauptsache durch individuelle Eigenart.

5. Ein gesetzmäßiger Zusammenhang zwischen Futterverwertung und Entwicklung der Gewichte und der Maße läßt sich nicht erkennen.

Literaturverzeichnis.

[1] *Barthel, Chr.*, Untersuchungen von Milch- und Molkereiprodukten, 4. Aufl. Berlin: Parey 1928. — [2] *Bechhold, G.*, Die Kolloide in Biologie und Medizin. Dresden und Leipzig: Steinkopf 1919. — [3] *Brzitwa, C.*, Beitrag zur Kenntnis der ersten Jugendentwicklung des schlesischen schwarzbunten Niederungsrindes von der Geburt bis zum Alter von $1/_2$ Jahr. Inaug.-Diss. Breslau 1925. — [4] *Dalchau, L.*, Untersuchungen über die Jugendentwicklung der im Haustiergarten des Tierzuchtinstituts der Universität Halle aufgezogenen Rinder. Inaug.-Diss. Halle 1926. — [5] *Fingerling, G.*, Beiträge zur Physiologie der Ernährung wachsender Tiere. Landw Versuchsstat. **68**, 141 (1908). — [6] Derselbe, Die Verwertung des Eiweißes durch Saugkälber. Landw. Versuchsstat. **74**, 57 (1911). — [7] Derselbe, Die Ernährung

der landwirtschaftlichen Haustiere. Handb. der Landw. von F. Aereboe, J. Hansen und Th. Roemer. Allg. Tierzuchtlehre, Bd. 4. Berlin: Parey 1929. — [8] *Feuersänger, H.*, Das Wachstum des Kalbes von der Geburt bis zum Alter von $^1/_2$ Jahr. Inaug.-Diss. Breslau 1923. — [9] *Fleischmann, W.*, Lehrbuch der Milchwirtschaft, 6. Aufl. Berlin: Parey 1920. — [10] *Freyschmidt*, Aufzucht des Rindviehs. Anl. dtsch. Ges. Züchtungskde 1929, Nr 5. — [11] *Gärtner, R.*, Über das Wachstum der Tiere. Eine biologische Studie unter Berücksichtigung der Haustiere. Landw. Jb. 57, 705 (1922). — [12] *Günzler, O.*, Wachstumsbeobachtungen an Murnau-Werdenfelser Rindern während des 1. Lebensjahres unter Berücksichtigung des Nährstoffverbrauchs. Z. Tierzüchtg 5, 153 (1926). — [13] *Hansen, P.*, Die Entwicklung des ostpreußischen, schwarzweißen Tieflandrindes von der Geburt bis zum Abschluß des Wachstums. Arb. dtsch. Ges. Züchtungskde. 1925, Nr 26. — [14] *Henkel, Th.*, Katechismus der Milchwirtschaft, 4. Aufl. Stuttgart: Ulmer 1920. — [15] *Jantzon, H.*, Ein Beitrag zur Kenntnis des Nährstoffbedarfs und der Ausnutzung der Nahrung durch das wachsende Schaf. Z. Tierzüchtg 16, 451 (1929). — [16] *Kellner, O.*, Die Ernährung der landwirtschaftlichen Nutztiere, 10. Aufl. Berlin: Parey 1924. — [17] *Kirchner, W.*, Handbuch der Milchwirtschaft, 7. Aufl. Berlin: Parey 1922. — [18] *Kolb, K.*, Beiträge zur Physiologie des Wachstums einiger Haustiere. Inaug.-Diss. Zürich 1920. — [19] *Kronacher, C.*, Züchtungslehre. Berlin: Parey 1929. — [20] *Kronacher* u. *J. Kliesch*, Die Körperentwicklung der Ziege von der Geburt bis zum Alter von 1 Jahr unter Berücksichtigung des Nährstoffbedarfs und der Nährstoffverwertung der Lämmer sowie der Ernährung und Leistungen der Muttertiere. Z. Tierzüchtg 11, 149 (1928). — [21] *Meissner, A.*, Der Einfluß der Ventilation auf die Stalluft. Wiss. Arch. Landw. B., 3, 470 (1930). — [22] *Peters*, Zweckmäßige Jungviehaufzucht. Dtsch. landw. Tierzucht 35, 37 (1930). — [23] *Rubner, M.*, Das Problem der Lebensdauer und seine Beziehungen zu Wachstum und Ernährung. München 1908. — [24] Derselbe, Das Wesen des Wachstums. 27. Flugschr. dtsch. Ges. Züchtungskde 1913. — [25] *Schmidt, J.*, u. *H. Vogel*, Beiträge zur Frage der Körperentwicklung und Futterverwertung des schwarzbunten Niederungsrindes im 1. Lebensjahr. Z. Tierzüchtg 19, 373 (1930). — [26] *Vopelius, V.*, Beitrag zu den Wachstumsverhältnissen des Höhenfleckviehs. Z. Tierzüchtg 19, 319 (1930). — [27] *Wagner, W.*, Entwicklung des Rinderkörpers von der Geburt bis zum Abschluß des Wachstums. Arb. dtsch. Ges. Züchtungskde 1910, Nr 8. — [28] *Walther, A. R.*, Sammelreferat betreffend 12 neuere Arbeiten über das Wachstum der Haustiere. Z. Tierzüchtg 5, 445 (1926). — [29] *Zorn, W.*, Der Einfluß des Weidegangs hinsichtlich Wachstum, Aufzucht, Futterausnutzung und Vererbung. Tierzüchterische Zeitfragen 1922, Nr 1, 15.

Am Schluß meiner Arbeit möchte ich Herrn Professor Dr. *Zorn* für die freundliche Überlassung des Themas sowie für die gütige Erlaubnis, die Untersuchungen im Betriebe der Preußischen Versuchs- und Forschungsanstalt für Tierzucht in Tschechnitz durchführen zu können, meinen verbindlichsten Dank aussprechen.

Desgleichen bin ich Herrn Professor Dr. *K. Richter*-Tschechnitz und Herrn Dr. *F. Richter* für die mir während meiner Arbeit stets zuteil gewordene hilfreiche Beratung und Unterstützung zu Dank verpflichtet.

MIX
Papier aus verantwortungsvollen Quellen
Paper from responsible sources
FSC® C105338

If you have any concerns about our products,
you can contact us on
ProductSafety@springernature.com

In case Publisher is established outside the EU,
the EU authorized representative is:
**Springer Nature Customer Service Center GmbH
Europaplatz 3, 69115 Heidelberg, Germany**

Printed by Libri Plureos GmbH
in Hamburg, Germany